Fethallah Dahmane

Estudo das propriedades electrónicas e magnéticas de semicondutores de nitreto dopados com Fe,v

Fethallah Dahmane

Estudo das propriedades electrónicas e magnéticas de semicondutores de nitreto dopados com Fe,v

ScienciaScripts

Imprint

Cover image: www.ingimage.com

This book is a translation from the original published under ISBN 978-620-2-00526-5.

Publisher:
Sciencia Scripts
is a trademark of
Dodo Books Indian Ocean Ltd. and OmniScriptum S.R.L publishing group

120 High Road, East Finchley, London, N2 9ED, United Kingdom
Str. Armeneasca 28/1, office 1, Chisinau MD-2012, Republic of Moldova, Europe
Managing Directors: Ieva Konstantinova, Victoria Ursu
info@omniscriptum.com

Printed at: see last page
ISBN: 978-620-8-58548-8

Índice:

[CONTRIBUIÇÃO PARA O ESTUDO DAS PROPRIEDADES ELECTRÓNICAS E MAGNÉTICAS DO SEMICONDUTOR NITRETO DOPADO COM FE,V,CR,MN GAN,ALN,INN]

Por Dr. Fethallah Dahmane

INTRODUÇÃO

Os materiais semicondutores são essenciais para a eletrónica moderna. Muitos dispositivos baseados em semicondutores (como os computadores e os telemóveis) tornaram-se uma parte inseparável da vida quotidiana. O material semicondutor mais conhecido e mais utilizado é o silício, mas muitos outros têm também aplicações importantes. Os semicondutores de banda larga são necessários para os dispositivos emissores de luz que funcionam nas regiões do espetro azul ou ultravioleta, como os díodos emissores de luz branca (LED) e os lasers azuis (por exemplo, para o armazenamento de dados ópticos de alta densidade em discos semelhantes aos DVD), que já se encontram em muitas casas. Um desses materiais é o semicondutor de banda larga nitreto de gálio (GaN) que, juntamente com as suas ligas e outros semicondutores compostos III-V, foi estudado nesta tese.

A condutividade eléctrica de um material semicondutor pode ser controlada através da introdução de pequenas concentrações de impurezas no material, num processo denominado dopagem. Para a produção de dispositivos electrónicos, é necessária a capacidade de dopar o material tanto do tipo n, em que os portadores eléctricos são electrões, como do tipo p, em que são buracos, mas pode ser complicada ou impedida por impurezas ou defeitos nativos, tais como vacâncias (átomo em falta num sítio da rede) ou intersticiais (átomo num sítio fora da rede).

Os dados experimentais sobre os compostos III-V e as suas ligas ternárias e quaternárias são limitados por alguns dados que estão disponíveis apenas em pontos de simetria elevados (T, X) na zona de Brillouin. Esta situação colocará, como sempre, novas exigências aos teóricos no sentido de preverem as propriedades dos novos semicondutores antes mesmo de os materiais serem fabricados. Os métodos teóricos que podem ser utilizados para este fim podem ser classificados de acordo com os dados de entrada:

1. Cálculos de primeiros princípios (cálculos ab-initio): Neste tipo de cálculos, apenas o número atómico e o número de átomos são utilizados como entrada para os cálculos. O método de onda plana aumentada linearizada de potencial total (FP-LAPW), baseado na teoria do funcional da densidade (DFT) com aproximação da densidade local (LDA) (1) (2) ou aproximação do gradiente generalizado (GGA) (1) (3), e o método de Hatree-Fock (4) são métodos de cálculo de primeiros princípios extremamente utilizados na literatura.
2. Métodos empíricos: Este tipo de métodos de cálculo necessita de parâmetros de energia de interação que são obtidos externamente a partir de medições experimentais ou de resultados de cálculos de primeiros princípios.

Os materiais semicondutores constituem atualmente os blocos de construção básicos dos emissores e receptores nas comunicações celulares, por satélite e por fibra de vidro. Entre eles, os nitretos III que são atualmente muito utilizados pela indústria. Relativamente aos semicondutores III-V "clássicos", os semicondutores de nitretos do grupo III têm atraído muita atenção nos últimos anos devido ao seu grande potencial para aplicações tecnológicas. O AlN e o GaN são considerados semicondutores promissores, com largos bandgaps, que vão desde as regiões ultravioleta (UV) até às regiões visíveis do espetro. Têm um elevado ponto de fusão, uma elevada condutividade térmica e um grande módulo de massa. Estas propriedades, bem como os grandes intervalos de banda, estão estreitamente relacionados com ligações fortes (iónicas e covalentes). Estes materiais podem, por conseguinte, ser utilizados em díodos emissores de luz (LED) de comprimento de onda curto, díodos laser e detectores ópticos, bem como em dispositivos electrónicos de alta temperatura, alta potência e alta frequência (5).

Os dispositivos continuam a diminuir de tamanho para atingirem velocidades mais elevadas. À medida que esta diminuição ocorre, os parâmetros de conceção são afectados de tal forma que os materiais atualmente utilizados são levados aos seus limites (6). Outra alternativa seria tornar os componentes individuais multifuncionais. Estão a ser investigados vários conceitos alternativos a longo prazo que reduziriam a dimensão dos dispositivos e o consumo de energia e explorariam as propriedades multifuncionais dos materiais. Um dos temas mais actuais é a utilização do spin dos electrões, buracos, núcleos ou iões para obter novas funcionalidades na eletrónica analógica e digital. A carga, a massa e o spin dos electrões constituem a base da atual tecnologia da informação. Os circuitos integrados e os dispositivos de alta frequência feitos de semicondutores, utilizados para o processamento de informação, usam apenas a carga dos electrões, enquanto o armazenamento de informação é feito por gravação magnética usando o spin dos electrões num metal ferromagnético (6).

Mas a tecnologia da informação do futuro poderá ver o magnetismo (spin) e a semi-condutividade (carga) combinados num dispositivo que explora tanto a carga como o "spin" para processar e armazenar a informação. Poderemos então utilizar a capacidade de armazenamento em massa e de processamento de informação no mesmo dispositivo. Esse dispositivo será designado por "dispositivo spintrónico" (6). Até agora, não foi possível concretizá-lo porque os semicondutores atualmente utilizados em circuitos integrados, transístores e lasers, como o silício e o arsenieto de gálio, não são magnéticos. Além disso, para se obter uma diferença útil na energia entre as duas orientações possíveis do spin do eletrão (para cima e para baixo), os campos magnéticos que teriam de ser aplicados são demasiado elevados para a utilização quotidiana (6). Existem semicondutores que possuem um conjunto periódico de elementos magnéticos, como o európio, os calcogenetos e os espinélios semicondutores, mas a sua estrutura cristalina é bastante diferente da do Si e do GaAs. Além disso, o crescimento do seu cristal é muito difícil. Por conseguinte, não são ideais para aplicações spintrónicas (6).

Uma das abordagens para tornar um semicondutor ferromagnético consiste em introduzir iões magnéticos como Mn, Cr, Co e Fe em semicondutores não magnéticos. Nestes semicondutores ferromagnéticos, uma parte da rede é constituída por átomos magnéticos substitucionais. Por conseguinte, são designados semicondutores magnéticos diluídos (DMS) (6). Nos últimos anos, tem havido uma extensa investigação no sentido de introduzir a propriedade ferromagnética à temperatura ambiente em semicondutores para realizar uma nova classe de dispositivos spintrónicos, tais como válvulas spin, transístores, díodos emissores de luz spin, sensores magnéticos, memória não volátil, dispositivos lógicos, isoladores ópticos e comutadores ópticos ultra-rápidos. As vantagens potenciais dos dispositivos spintrónicos serão a maior velocidade, a maior eficiência e a melhor estabilidade, para além da baixa energia necessária para inverter um spin (6).

Os nitretos do grupo III mais notáveis são o AlN, o GaN, o InN e as suas ligas, que são todos semicondutores de banda larga. Cristalizam nos poliptipos wurtzite e zincblende. O GaN, o AlN e o InN em wurtzite têm bandgaps diretos à temperatura ambiente de 3,4, 6,2 e 1,9 eV, respetivamente. Na forma cúbica, o GaN e o InN têm bandgaps diretos, enquanto o AlN tem um bandgap de energia indireta (7). A liga de GaN com AlN e InN permite uma vasta gama de intervalos de energia. Os nitretos do grupo III assim formados abrangem uma gama contínua de intervalos de energia diretos ao longo de grande parte do espetro visível e até aos comprimentos de onda ultravioleta. Esta é uma das razões que alimentam o recente interesse em GaN, AlN, InN e suas ligas terciárias para aplicações em dispositivos optoelectrónicos de curto comprimento de onda. Estes dispositivos optoelectrónicos, especialmente os emissores, como os díodos emissores de luz (LED) e os lasers, podem ser activos nos comprimentos de onda verde, azul e ultravioleta (UV). Durante as últimas décadas, os lasers e os LEDs registaram uma expansão notável, tanto em termos de gama de comprimentos de onda de emissão disponíveis como de brilho (8) . Estes LED provaram ser fiáveis e têm aplicações, por exemplo, em ecrãs, iluminação, luzes indicadoras, publicidade, sinais de trânsito e sinais de trânsito, possivelmente fontes de luz para fotossíntese acelerada e medicina para diagnóstico e tratamento (9) (10) (11).

No passado recente, o crescimento dos nitretos do grupo III sofria de má qualidade cristalina e de elevadas concentrações de portadores de fundo do tipo n, que resultavam de defeitos nativos (vacâncias de azoto). Além disso, não foi possível encontrar facilmente um material de substrato adequado com uma correspondência de rede razoavelmente próxima e uma maior correspondência de ordem de empilhamento.

Para compreender as propriedades dos dispositivos, apresentamos nesta tese investigações numéricas baseadas num estudo de primeiros princípios das propriedades estruturais, electrónicas, magnéticas e ópticas de $Ga_{1-X}TM_XN$, $Al_{i-X}TM_XN$ e $In_{b\,X}TM_XN$ com TM= Cr, Mn ,Fe ,V e X=0,125, X=0,25,X=0,50 e X=0,75. .

A presente tese está dividida em cinco capítulos. Nos capítulos 1 e 2, fazemos uma introdução geral ao domínio dos semicondutores de III-nitreto e dos metais de transição diluídos, no capítulo 3 retomamos as ideias básicas subjacentes à DFT, enquanto o capítulo 4 contém uma breve descrição da spintrónica. O Capítulo 5 está dividido em quatro partes. Na parte I, apresentamos as investigações numéricas das propriedades estruturais e electrónicas do GaN, do AlN e do InN. Na parte II, apresentamos uma análise das propriedades estruturais, electrónicas, magnéticas e ópticas do $Ga_{1-X}TM_XN$. Na parte III, apresentamos uma análise das propriedades estruturais, electrónicas, magnéticas e ópticas do $Al_{1-X}TM_XN$. Por último, na parte IV, apresentamos uma análise das propriedades estruturais, electrónicas, magnéticas e ópticas do $In_{1-X}TM_XN$

Capítulo 1

1. PROPRIEDADES DOS NITRETOS

1-1 Estrutura cristalina geral dos nitretos

Existem três estruturas cristalinas comuns partilhadas pelos nitretos do grupo III: as estruturas wurtzite, zincblenda e rocksalt. Em condições ambientais, as estruturas termodinamicamente estáveis são a wurtzite para AlN, GaN e InN. A estrutura de zincblenda para GaN e InN foi estabilizada pelo crescimento epitaxial de filmes finos nos planos cristalinos (óleo) de substratos cúbicos como Si, MgO e GaAs. A estrutura rocksalt ou NaCl pode ser induzida em AlN, GaN e InN a pressões muito elevadas (12).

Os grupos espaciais para as várias formas de nitretos. A estrutura do sal-gema, ou NaCl, (com grupo espacial Fm3m na notação de Hermann-Mauguin e *0%* na notação de Schoenflies) pode ser induzida em AlN, GaN e InN sob pressões muito elevadas.

A estrutura wurtzítica tem uma célula unitária hexagonal e, portanto, duas constantes de rede, c e a. Contém seis átomos de cada tipo. A estrutura wurtzítica é constituída por duas sub-rede hexagonais de empacotamento fechado (HCP) interpenetrantes, cada uma com um tipo de átomos, deslocadas ao longo do eixo c por 5/8 da altura da célula (5/8 $^{c)}$.

A estrutura da zincblenda tem uma célula unitária cúbica, contendo quatro elementos do grupo III e quatro elementos de azoto. O agrupamento espacial para a estrutura da zincblenda é F43m (T_d). A posição dos átomos na célula unitária é idêntica à da estrutura cristalina do diamante. Ambas as estruturas consistem em duas sub-rede cúbicas interpenetrantes de faces canterizadas, deslocadas por um quarto da distância ao longo de uma diagonal do corpo. Cada átomo na estrutura pode ser visto como posicionado no centro de um tetraedro, com os seus quatro vizinhos mais próximos a definirem os quatro cantos do tetraedro.

As estruturas da zincblenda e da wurtzite são semelhantes. Em ambos os casos, cada átomo do grupo III é coordenado por quatro átomos de azoto. Inversamente, cada átomo de azoto é coordenado por quatro átomos do grupo III. A principal diferença entre estas duas estruturas reside na sequência de empilhamento dos planos diatómicos mais próximos. Para a estrutura de wurtzite, a sequência de empilhamento dos planos (0001) é ABABAB na direção < 0001 >. Para a estrutura da zincblenda, a sequência de empilhamento dos planos (1111) é ABCABC na direção < 111 >.

A energia de coesão por ligação na forma wurtzítica é de 2,88 eV (63,5 kcal mol"^{1}), 2,2 eV (48,5 kcal mol"^{1}) e 1,93 eV (42,5 kcal mol"^{1}) para AlN, GaN e InN, respetivamente (13) . A diferença de energia calculada AE_{W_Zb} entre as redes de wurtzite e de zinco blenda é pequena (14): $AEW\_zb = \_18{,}41$ *meV I átomo* para AlN, $AEW\_Z = \_11{,}44$ *meV I átomo* para InN, e $AE_W\_Zb = \_9{,}88$ *meV I átomo* paraGaN.

A forma wurtzítica é energeticamente preferível para os três nitretos em comparação com a blenda de zinco, embora a diferença de energia seja pequena.

1-2 Parâmetros de rede dos nitretos

Quando cristalizado na estrutura hexagonal de wurtzite, o cristal de AlN tem uma massa molar de 20,495 gmlmol. A razão cla para isso é $(8I3)^{112} = 1{,}633$. Os parâmetros de treliça relatados variam de 3,110 a 3,113 A para a, e de 4,978 a 4,982 A para c. O rácio cla varia assim entre 1,OOO e 1,602. O desvio da razão cla em relação à do cristal ideal de wurtzite deve-se provavelmente à estabilidade da rede e à ionicidade. Enquanto que para o polipropileno de zincblenda metaestável o AlN tem um valor de a = 4,38 A, para a estrutura de sal-rocha mantida à temperatura ambiente tem um valor de a = 4,043 4,045A(15).

Quando na estrutura hexagonal wurtzite, o GaN tem um peso molecular de 83,728 gmlmol. À temperatura ambiente, os parâmetros de treliça deste semicondutor são a= 3,1892 ± 0,0009 A e c, = 5,1850 ± 0,0005 A. No entanto, para o polítipo zincblenda, a constante de treliça calculada com base na distância medida entre as ligações Ga-N no GaN wurtzítico é a = 4,503 A. O valor medido de a para este polítipo varia entre 4,49 e 4,55, indicando que o resultado calculado está dentro do limite aceitável (16).

A transição de fase a alta pressão da estrutura de wurtzite para a estrutura de rocksalt foi conseguida tanto teórica como experimentalmente. O ponto de transição é de 50 GPa, e a constante de rede experimental na fase de sal de rocha é a,= 4,22A. Este resultado é ligeiramente diferente do resultado teórico (17) de a = 4,09A obtido a partir dos cálculos de pseudopotencial não local de primeiro princípio.

No que respeita ao InN, devido à ausência de películas monocristalinas de boa qualidade, a estrutura cristalina do InN foi medida principalmente em películas finas não ideais, em especial as películas policristalinas ordenadas com cristalitos na gama de 50-500 nm. Os resultados finais das medições (18) indicam que, embora o InN cristalize normalmente na estrutura wurtzite (hexagonal), ocasionalmente cristaliza também no politopo zincblenda (cúbico).

O valor médio de c/a, obtido a partir de várias medições, é de cerca de 1,615±0,008, o que está próximo do valor mais otimista de 1,633 determinado a partir de camadas especialmente cultivadas sob precauções significativas (19).

Tabela 1 Estrutura cristalina, grupo espacial e constantes de rede a e c (T = 300 K) para um número de semicondutores do grupo III-V.

sistema	Material	Estrutura cristalina	Grupo espacial	a(Â)	C(Â)
III-V	c-BN	zb	F 43m (T_d)	3.6155	
	h-BN	h	$P6_3$/ mmc (D6h)	2.5040	6.6612
	BP	zb	F 43m (Ta)	4.5383	
	Bacia	zb	F 43m (Ta)	4.777	
	w-AlN	w	$P6_3$m c(C6v)	3.112	4.98 2
	c-AlN	zb	F 43m (Ta)	4.38	
	AIP	zb	F 43m (Ta)	5.4635	
	AlAs	zb	F 43m (Ta)	5.66139	
	AlSb	zb	F 43m (Ta)	6.1355	
	a-GaN	w	$P6_3$m c(C6v)	3.1896	5.1855
	ß-GaN	zb	F 43m (Ta)	4.52	
	GaP	zb	F 43m (Ta)	5.4508	
	GaA s	zb	F 43m (Ta)	5.65330	

	GaSb	zb	F 43m (Ta)	6.09593	
	InP	zb	F 43m (Ta)	5.8690	
	InAs	zb	F	6.0583	
			43m (Td)		
	InSb	zb	F 43m (Td)	6.47937	

d = diamante; zb = zinco-blenda; h = hexagonal; w = wurtzite; rs = sal-gema

Capítulo 2

2. SEMICONDUTORES DE NITRETOS DO GRUPO-III

2-1 Nitreto de gálio

Resumo do 2-1-1

Embora o GaN seja muito mais estudado do que outros nitretos do grupo III, ainda necessita de investigações aprofundadas para atingir o estatuto tecnológico de materiais tecnologicamente importantes como o Si e o GaAs.

Devido ao seu potencial para dispositivos electrónicos de alta temperatura e alta velocidade, e devido à sua promissora caraterística de emissor de luz azul, verificou-se recentemente um ressurgimento de um interesse considerável pelo GaN. Este interesse levou à melhoria da tecnologia de crescimento e processamento de cristais, permitindo ultrapassar muitas dificuldades encontradas anteriormente.

Consequentemente, alguns laboratórios obtiveram consistentemente GaN de alta qualidade com concentrações de electrões de fundo à temperatura ambiente tão baixas como $4*10^{16}$ cm^3. O desenvolvimento bem sucedido de uma tecnologia de crescimento para a obtenção de GaN do tipo p levou os investigadores (20) (21) (22)

Muitos outros investigadores estão empenhados na realização de toda uma série de outras estruturas de dispositivos baseados em GaN. No entanto, há ainda muito trabalho a fazer na determinação das propriedades físicas fundamentais do GaN, na obtenção de uma tecnologia de crescimento amadurecida, na obtenção de uma tecnologia de processamento fiável e na utilização destas tecnologias para o desenvolvimento de dispositivos baseados em GaN.

2-1-2 Propriedades químicas do GaN.

Desde que Johnson et al (23) sintetizaram o GaN pela primeira vez em 1928, um grande conjunto de informações tem indicado repetidamente que o GaN é um composto extremamente estável e apresenta uma dureza significativa. É esta estabilidade química a temperaturas elevadas, combinada com a sua dureza, que fez do GaN um material atrativo para revestimentos protectores. No entanto, devido ao seu amplo intervalo de energia, é também um excelente candidato para o funcionamento de dispositivos a altas temperaturas e em ambientes cáusticos. De facto, a maioria dos investigadores de GaN está atualmente interessada em aplicações de dispositivos semicondutores. Embora a estabilidade térmica do GaN permita a liberdade de processamento a altas temperaturas, a estabilidade química do GaN representa um desafio tecnológico.

Várias técnicas espectroscópicas, como a espetroscopia de electrões Auger, (24) a espetroscopia de fotoemissão de raios X, (25) e a espetroscopia de perda de energia eletrónica (26) têm sido muito úteis para o estudo da química da superfície do GaN. Utilizando estas técnicas, a estabilidade térmica e a dissociação do GaN foram também examinadas.

Com base na medição da pressão de vapor aparente, Munir e Searcy (27) calcularam que o calor de sublimação do GaN é de 72,4±0,5 kcal/mol. Logan e Thurmond (28) calcularam a pressão de equilíbrio N_2 do GaN em função da temperatura. Tendo em conta o facto de vários laboratórios produzirem atualmente material de alta qualidade, este é um domínio que requer um estudo mais aprofundado. A estabilidade térmica do GaN será um parâmetro crítico em aplicações que exijam um funcionamento a alta potência ou a alta temperatura.

2-1-3 Propriedades eléctricas do GaN.

Tal como acontece com qualquer semicondutor, o controlo e a manipulação da condutividade eléctrica do GaN e das ligas relacionadas são fundamentais para determinar se podem ser utilizados comercialmente. Pelo contrário, o GaN tem sido consistentemente considerado do tipo n, apresentando as melhores amostras (29) uma concentração de electrões $n = 4*10^{16}$ cm^{-3}. Não se verificou a presença de impurezas ionizadas em quantidade suficiente para explicar as concentrações de electrões, por exemplo, de 10^{18} cm^3. Consequentemente, a concentração de fundo foi atribuída por alguns investigadores, incluindo Boguslawski et al. (30), a defeitos nativos e por outros a vacâncias de azoto. O GaN de zincblenda crescido sobre (100) Si com uma camada tampão de GaN parece ser altamente resistivo. A resistividade era de aproximadamente 170 ohm-cm a 300 K, e a energia de ativação era de cerca de 80 meV. O GaN wurtzite crescido em (100) Si com a mesma camada tampão de GaN tinha, no entanto, uma energia de ativação de 110 meV. O GaN do tipo n crescido em (100)Mg0 a 300 K tinha uma atividade que variava entre 10^2 e 10^5 ohm-cm.

A mobilidade dos portadores é uma função da temperatura, do campo elétrico, da concentração de dopagem e da qualidade do material de um semicondutor. Esta qualidade do material depende do substrato utilizado para o crescimento. Se a constante de rede do substrato e o material crescido diferirem significativamente, formam-se muitos defeitos alargados para acomodar o desfasamento da rede, e a mobilidade Hall torna-se mais baixa.

Além disso, se o substrato e as películas tiverem coeficientes de expansão térmica muito diferentes, a película pode produzir fissuras durante o arrefecimento, o que é prejudicial para os dispositivos. Por exemplo, no caso do GaN crescido em substrato de safira, esta mobilidade Hall é de apenas 10 a 30 cm2/Vs. Para contornar esta dificuldade, Yoshida et al (31) e Amano et al (32) começaram por fazer crescer uma fina camada de NA como camada tampão no substrato de safira e, em seguida, a camada epitaxial de GaN pelo método MOCVD. A camada tampão reduziu o efeito da diferença de constantes de rede entre o substrato de safira e o GaN crescido e conduziu a uma melhoria da mobilidade dos portadores da película de GaN. Uma medição Hall indicou que a melhoria foi significativa, cerca de 10 vezes para um valor de 350-400 cm^2/Vs à temperatura ambiente.

As medições Hall nesta película com um tampão de 200 A, cultivada por MOCVD, conduziram a uma mobilidade de portadores de cerca de 900 cm2/Vs. À temperatura ambiente, o valor máximo da mobilidade Hall, 3000 cm^2/Vs, foi obtido a 70 K. Um estudo da dependência da mobilidade Hall da espessura da camada tampão mostrou que a mobilidade Hall diminui com a diminuição da espessura da camada tampão de GaN. Este decréscimo de 900 para 600 cm^2/Vs ocorreu quando, por exemplo, a camada tampão foi reduzida para um valor inferior a 200 A. A média estatística indica que, à medida que a concentração de electrões aumenta, a mobilidade eletrónica diminui.

Variação da mobilidade Hall em GaN com a temperatura (33) A mobilidade Hall aumenta primeiro e depois diminui com o aumento da temperatura, sendo o aumento representado por $\mu = \mu_{01}(\frac{T}{T_0})^{3\pm1}$,e a diminuição de $\mu = \mu_{02} - 7.33T$ or $\mu = \mu_{02}(\frac{T}{T_0})^{-1.24}$ em que μ_{01} , μ_{02} e T_0 são constantes, $\mu_{01} = 800cm^2/Vs, \mu_{02} = 3100cm^2/Vs, T_0 = 1K$

T é a temperatura em valores absolutos.

Quadro 2: Parâmetros relacionados com as propriedades eléctricas da zinco blenda GaN

GaN de tipo polimérico de blenda de zinco	Parâmetro	referências
Energia de banda larga (eV)	3,2-3,28 a 300K	
Índice de refração	n(at3eV) = 2,9, 2,3	
Constante dieléctrica (estática)	9,7 a 300 K	(34)
Constante dieléctrica (alta frequência)	5,3 a 300K	
Separação de energia entre r e X Vale E_r(eV)	1.4 1.1	
Separação de energia entre os vales r e L, E_L(eV)	1.6-1.9 ~2	(35) (36)
Massa efectiva do eletrão, m_e	0.13m0 0.14 m_0	A 300K (34) (36)
Massas efectivas dos buracos (pesados)	mhh= 1,3m0At300 K	
Massas efectivas dos buracos (luz)	m_{lh}= 0,19m_0	
Mobilidade dos electrões ($cm^2V^{-1}S^{-1}$	<1000at300K	(35)

Mobilidade dos orifícios ($cm^2V^{-1}S^{-1}$	K	< 350 at300	(35)
Coeficiente de difusão dos electrões (cm^2S^{-1})		25	(35)
Coeficiente de difusão para buracos (cm^2S^{-1})		9,9.5	(35)

2-1-4 Propriedades mecânicas do GaN

O GaN tem um peso molecular de 83,7267 g mol"[1] na estrutura hexagonal de wurtzite. A constante de rede das primeiras amostras de GaN mostrou uma dependência das condições de crescimento, da concentração de impurezas e da estequiometria do filme (37).

Estas observações foram atribuídas a uma elevada concentração de defeitos intersticiais e defeitos alargados em massa. Um exemplo disso é o facto de as constantes de rede do GaN crescido com taxas de crescimento mais elevadas serem maiores. Quando fortemente dopado com Zn (38) e Mg (39), à temperatura ambiente, os parâmetros de rede das plaquetas de GaN (40) preparadas sob alta pressão a altas temperaturas com uma concentração de electrões de 5 $*10^{19}$ cm^3 são a = 3,1890±0,0003 A e c = 5,1864±0,0001 A.

Para o polítipo zincblenda, a constante de rede calculada, com base na distância medida da ligação Ga-N no Wz GaN, é a = 4,503 A. O valor medido para este polítipo varia entre 4,49 e 4,55A,

Quadro 3: Parâmetros relacionados com as propriedades mecânicas da zinc blenda GaN (41)

GaN de tipo polimérico de zincoblenda	Valor do parâmetro
Grupo de simetria	*TÜ* (f43rn
Massa molecular (g mol^{-1})	1.936 - 10^{23}
Densidade (g cm^{-3})	6.15
Número de átomos em 1 cm^{-3}	8.9M0^{22}
Constante de rede (A)	a = 4.511 -4.52
Módulo de massa, B (GPa)	204
dB/dP	3.9,4.3
Módulo de Young (GPa)	181

2-2 Nitreto de alumínio

2-2-1 Resumo

O AlN apresenta muitas propriedades úteis, que o tornam útil para aplicações interessantes. Por exemplo, a dureza, a elevada condutividade térmica, a resistência a altas temperaturas e a produtos químicos cáusticos, combinadas com uma razoável correspondência térmica com o Si e o GaAs, fazem dele um material atraente para aplicações de embalagem eletrónica (42). O grande intervalo de banda é também a razão pela qual o AlN é apontado como material isolante para estruturas de dispositivos electrónicos baseados em GaAs e InP. As propriedades piezoeléctricas do AlN tornam-no adequado para aplicações em dispositivos de ondas acústicas superficiais. No entanto, a maioria do interesse por este

A sua capacidade de formar ligas com GaN, produzindo AlGaN, e permitindo o fabrico de dispositivos ópticos baseados em AlGaN, que são activos desde os comprimentos de onda azuis até aos ultravioletas.

2-2-2 Propriedades químicas doAlN:

O AlN é um material cerâmico extremamente duro (43) (44) com um ponto de fusão superior a 2000°C (43) (45). A condutividade térmica do AlN, medida por Slack (46), é k = 2 W/cm K. Utilizando técnicas de raios X numa vasta gama de temperaturas (77-1269 K). Tal como o GaN, o AlN apresenta inércia a muitos ataques químicos. A literatura refere uma série de ataques de AlN (47) (48) (49).

A química da superfície do AlN foi investigada por numerosas técnicas, incluindo a espetroscopia de electrões Auger (50) (51), a espetroscopia de fotoemissão de raios X e ultravioleta (XPS) (52), a espetroscopia de fotoelectrões ultravioleta (53) e a espetroscopia eletrónica (54).

Uma destas investigações, efectuada por Slack e McNally (55), indicou que a superfície de AlN desenvolve um óxido com 50-100 de espessura quando exposta à temperatura ambiente durante cerca de um dia. No entanto, esta camada de óxido, por ser protetora, resiste a uma maior decomposição das amostras de AlN. Elliot e Grant (56) também observaram a oxidação da superfície de AlN por XPS.

2-2-3 Propriedades eléctricas do AIN:

Devido à baixa concentração intrínseca de portadores e aos profundos níveis de energia de defeitos e impurezas nativos, a caraterização eléctrica do AlN tem sido geralmente feita através de medições da resistividade. Uma dessas medições, efectuada por Kawabe et al (57) em monocristais transparentes de AlN, produziu uma resistividade p = 10^{11}-10^{13} O cm, um valor consistente com outros relatórios (58).

Devido ao seu carácter isolante e ao grande intervalo de banda de 6,2 eV, o AlN é um material interessante para investigar. A natureza isolante destas primeiras películas impediu estudos significativos das suas propriedades de transporte elétrico. Com a disponibilidade de técnicas de crescimento refinadas, o AlN é atualmente cultivado com uma qualidade de cristal muito melhorada e apresenta condução do tipo n e p. Isto rejuvenesceu os esforços para medir a mobilidade Hall dos electrões e dos buracos. A massa efectiva de electrões para o AlN levou Chin et al (59) a utilizar m_e = 0,48±0,05 m, para a simulação numérica da mobilidade dos electrões. Utilizando esta massa efectiva de electrões e o intervalo de energia E, = 6,0 eV, estes autores calcularam a mobilidade de deriva limitada por fões em função da temperatura. A mobilidade calculada diminuiu rapidamente a altas temperaturas. Era de cerca de 2000 cm^2/Vs a 77 K, mas apenas 300 cm^2/Vs a 300 K.

Quadro 4: Parâmetros relacionados com as propriedades eléctricas da zinco blenda AlN.

Zinco blenda politípica AlN	Parâmetro	referências
Energia de banda larga (eV)	4.2 Todos a 300 K	(36)
Constante dieléctrica (estática)	9.56	(60)
Constante dieléctrica (alta frequência)	4.46	(60)
Separação de energia entre r e	~0.7	(36)
X Vale E_r(eV)	0.5	(6l)
Separação de energia entre r e	-2.3	(36)
L vales, E_L(eV)	3.9	(6l)
Massa efectiva do eletrão, m_e	0,23 mês	(36)
Massas efectivas dos buracos (pesados)	mhh=l.O2mo	(36)
Massas efectivas dos buracos (luz)	m_{lh} = 0,37m_0	(36)

2-2-4 Propriedades mecânicas do AIN

Quando cristalizado na estrutura hexagonal wurtzite, o cristal AlN tem uma massa molar de 40,9882 g mol"^{1}, a simetria do grupo de pontos para a estrutura wurtzite na notação de Schoenflies é *C£*$_v$ ($P6_3mc$ na notação de Hermann-Mauguin), Os parâmetros de rede registados variam de 3.110 a 3,113 A para o parâmetro a (3,1106 A para a massa, 3,1130 A para o pó e 3,110 A para o NA em SiC), e de 4,978 a 4,982 A para o parâmetro c. O rácio c/a varia assim entre 1,600 e 1,602.

Enquanto que a estrutura metaestável de zinco blenda politípica AN tem um valor de a = 4,38 A (62), a estrutura de sal-gema tem um valor de a = 4,043-4,045 A à temperatura ambiente (63).

Quadro 5 : Parâmetros relacionados com as propriedades mecânicas da zincblenda AlN (64).

Zincblenda AlN	

Constante de rede (Â)	a = 4.38
Intervalo de banda (eV)	5.4, indireta
Ej (eV)	4.9
Ej (eV)	9.3
Módulo de massa, B (GPa)	228

2-3 Nitreto de índio

2-3-1 Resumo.

O InN não tem recebido a atenção experimental dada ao GaN e ao AlN, provavelmente devido às dificuldades associadas ao crescimento de amostras de InN cristalino de alta qualidade, e devido à existência de semicondutores alternativos bem caracterizados, como o GaAs e o AlGaAs, que têm um intervalo de energia próximo do do InN (1,89 eV). O intervalo de energia do InN corresponde a uma parte do espetro eletromagnético em que está disponível tecnologia alternativa e bem desenvolvida de semicondutores. Consequentemente, as aplicações práticas do InN restringem-se às suas ligas com GaN e AlN.

Como o InN se dissocia rapidamente a altas temperaturas, mesmo a 600 C, seria necessária uma sobrepressão de azoto extraordinariamente elevada para estabilizar o material até ao ponto de fusão, o que é praticamente impossível. A grande diferença entre os raios atómicos do In e do N é outro fator que aumenta a dificuldade em obter InN de boa qualidade.

Foram efectuados vários estudos (65) que referem a rápida dissociação do InN a temperaturas superiores a 500°C. Uma vez que ainda não foi cultivado InN de alta qualidade, desconhece-se a resistência do material à corrosão química.

2-3-2 Propriedades eléctricas do InN.

O InN sofre com a falta de um material de substrato adequado e com a elevada concentração de defeitos nativos que prejudicam a sua qualidade. Uma grande disparidade entre os raios atómicos do In e do N é um fator adicional que contribui para a dificuldade em obter InN de boa qualidade. Um estudo da mobilidade eletrónica do InN em função da temperatura de crescimento indica que a mobilidade do InP crescido em UHV-ECR-RMS [1] pode ser quatro vezes superior à mobilidade do InN crescido convencionalmente. A mobilidade dos electrões no InN pode atingir 3000 cm^2/Vs à temperatura ambiente (66).[1]

Existem poucos relatórios (67) (68) que descrevem as propriedades eléctricas do InN. Com exceção do relatório de Tansley e Foley (69), todos os relatórios sobre o InN até à data apresentavam concentrações de electrões $n > 10^{18}$ cm^{-3}. Tansley e Foley relataram a concentração de portadores dependente da temperatura de filmes policristalinos de InN, tendo observado que esta concentração de portadores diminui com a diminuição da temperatura. Por exemplo, enquanto a concentração de portadores medida foi de 5 x10^{16} cm^{-3} a T = 300K, é de cerca de 3 x 10^{16} cm^{-3} a 150K.

Quadro 6 : Propriedades eléctricas disponíveis da zincblenda InN

Zincblenda politípica InN	Parâmetro	referências
Energia de intervalo (eV) (300 K)	2,2 eV	(36)
Densidade (g cm"3)	6.97	(36)
Constante dieléctrica (estática)	8.4	(36)

[1] [1] Técnica de deposição, como a pulverização catódica reactiva por magnetrão assistida por ressonância de ciclotrão eletrónico (ECR) de ultra-alto vácuo (UHV)

Separação de energia entre r e X Vale E_r(eV)	3	(36)
Separação de energia entre os vales r e L, E_L(eV)	2.6	(36)
Massa efectiva do eletrão, m_e	O.13mo	(36)
Massas efectivas dos buracos (pesados)	mhh=2,12m_0	(36)
Massas efectivas dos buracos (luz)	m_{lh} = 0,20 m_0	(36)
Massas efectivas dos furos	0.36m_0	(36)

2-3-3 Propriedades mecânicas do InN

Os parâmetros da rede de InN medidos utilizando a técnica do pó situam-se na gama de a = 3,530-3,548 A e c = 5,704-5,960 A com um rácio c/a consistente de cerca de 1,615 ± 0,008. Esta relação c/a está próxima do valor mais otimista de 1,633. Um outro valor da relação c/a de 1,612 foi também registado utilizando difractometria de pó (70).

A medição registada permite obter uma constante de rede de a = 4,98 A na forma cúbica de zincblenda do InN (71). Enquanto o politopo cúbico de InN produz um volume de célula molecular de 30,9 A^3, o politopo hexagonal produz um volume de célula molecular de 31,2± 0,2 A^3.

Quadro 7 : Parâmetros mecânicos para a zincblenda InN.

Zinco blenda InN	Valor
Constante da rede	a = 4,98Â
Densidade (g cm"^{3})	6.97
Módulo de massa (GPa)	138-155, 145. (72)

2-4 Aplicações potenciais dos semicondutores de nitretos III-V

Os materiais à base de GaN são candidatos promissores para emissores e detectores de comprimentos de onda curtos e para dispositivos electrónicos de alta temperatura e alta potência. Consequentemente, estão a ser envidados grandes esforços para a síntese e caraterização destes materiais e para os processos necessários ao desenvolvimento de dispositivos neles baseados (73) (74). Os díodos emissores de luz são essenciais para os ecrãs a cores e para novas aplicações, como as aplicações de sinalização e iluminação (75).

Recentemente, os LED registaram um desenvolvimento notável em termos de luminosidade e de gama de comprimentos de onda de emissão. Estes LED são muito fiáveis e têm uma vasta gama de aplicações (73), o ímpeto subjacente ao interesse crescente pelo nitreto de gálio e suas ligas deriva das suas aplicações nas porções amarela, verde, azul e ultravioleta do espetro como emissores e detectores, e na eletrónica de alta temperatura e/ou alta potência.

2-4-1 Evolução histórica da tecnologia LED

A obtenção de LEDs InGaN azuis brilhantes conduziu basicamente a uma revolução na tecnologia LED e abriu novos mercados enormes que antes não estavam acessíveis. Os notáveis avanços nos materiais para LED baseados em GaN dependeram de várias descobertas fundamentais na síntese e fabrico de materiais. A falta de junções p/n nos nitretos do Grupo II e a má qualidade dos cristais atrasaram a investigação durante muitas décadas. A utilização da dupla heteroestrutura (DH) InGaN/GaN em LED em 1994 por Nakamura (76) e a obtenção da dopagem p em GaN por Akasaki (77) são amplamente reconhecidas como responsáveis pelo relançamento do sistema de nitretos III-V. Foram necessários mais de vinte anos desde que se observou a primeira emissão estimulada por bombeamento ótico num cristal de GaN (78) e se fabricaram os primeiros LED (79) para se chegar à recente realização de lasers azuis. No final da década de 1980, registaram-se progressos notáveis nos LED de alto brilho para ecrãs.

Os progressos registados nos LED baseados em GaN e GaAs permitiram a abertura de muitos novos mercados para os LED. Durante muitos anos, os investigadores de dispositivos de estado sólido sonharam com a obtenção de uma fonte de luz azul brilhante. Só agora é possível utilizar três LEDs para sintonizar qualquer cor na gama visível, ou mesmo utilizar um único LED azul em combinação com fósforos para criar "LEDs brancos". Este conceito é particularmente atraente porque a natureza de estado sólido dos dispositivos semicondutores produz uma fiabilidade muito elevada.

2-4-2 Aplicações de semicondutores de nitretos III-V em díodos laser (LD)

Nos últimos anos, os nitretos de banda larga têm atraído a atenção no domínio do armazenamento de informação digital. Ao contrário das aplicações de visualização e iluminação, o armazenamento e a leitura de informação digital requerem fontes de luz coerentes, nomeadamente LASERS. A saída destas fontes de luz coerente pode ser focada num ponto limitado pela difração, permitindo um sistema ótico no qual os bits de informação podem ser gravados e lidos com facilidade e com uma precisão invulgar (80).

Os LDs azuis atualmente produzidos são LDs DBR infravermelhos de alta potência associados a materiais não lineares como o LiNbO3 capazes de gerar um feixe a 425nm (azul-violeta). Os primeiros são suficientemente potentes (15mW), com menos efeitos de ruído e têm um feixe coerente. No entanto, são muito caros, não são compactos e necessitam de um alinhamento mecânico preciso. Os LD baseados em InGaN prometem, por conseguinte, um grande futuro para dispositivos menos dispendiosos e mais simples (5).

2-4-3 Detectores de UV

O interesse pelos detectores baseados em GaN deve-se, em parte, ao facto de a atmosfera terrestre ser opaca a um comprimento de onda de cerca de 200 nm. Para tirar partido desta janela ótica, as comunicações terra-espaço necessitarão de detectores sensíveis ao UV mas cegos à radiação ambiente. Atualmente, a monitorização da atmosfera terrestre por satélite baseia-se em fotodetectores de Si que requerem filtros de banda volumosos para bloquear a radiação solar de fundo visível e próxima do UV.

O sol produz uma grande quantidade de UV, que é em grande parte absorvida pela camada de ozono e de gás da atmosfera. Só as radiações cujo comprimento de onda é superior a 280nm chegam à Terra. Os detectores da radiação UV produzida na Terra, ditos "cegos solares", devem detetar as radiações entre 265nm e 280nm, zona que apresenta a radiação menos parasita. A deteção de UV tem aplicações militares ou civis, como os dosímetros pessoais para ambientes ricos em UV, a deteção de incêndios e a identificação de mísseis pelo seu rasto ou a orientação de mísseis (5)

Capítulo 3

3- Spintrónica de semicondutores

3-1 Introdução

As questões bem conhecidas que alimentam um vasto interesse pela nanociência são: será possível continuar a progredir nas tecnologias da informação e da comunicação apenas continuando a miniaturizar os transístores dos microprocessadores e as células de memória dos discos magnéticos e ópticos? Como reduzir o consumo de energia dos componentes para poupar energia e aumentar o tempo de funcionamento das baterias?

Desde os anos 70, a miniaturização, obedecendo à lei de Moore, tem conduzido persistentemente a um aumento exponencial da quantidade de informação que pode ser processada, armazenada e transmitida por unidade de área de microprocessador, memória e fibra de vidro, respetivamente. Um circuito integrado moderno contém atualmente mil milhões de transístores, cada um com uma dimensão inferior a 100 nm, ou seja, quinhentas vezes inferior ao diâmetro de um cabelo humano. À medida que o tamanho dos transístores diminui, a sua velocidade aumenta e o seu preço diminui. Apesar da série de sucessos que os laboratórios industriais obtiveram nos últimos 40 anos para ultrapassar um

barreiras técnicas e físicas que se sucedem, prevalece a sensação de que, num futuro próximo, se está a assistir a uma mudança qualitativa nos métodos de tratamento, armazenamento, codificação e transmissão de dados (81).

Entre as numerosas propostas de orientação desta investigação, o domínio da spintrónica, ou seja, da eletrónica destinada a compreender os fenómenos de spin dos electrões e a propor, conceber e desenvolver dispositivos que permitam explorar estes fenómenos, desempenha um papel importante. O desenvolvimento de métodos mais "inteligentes" de controlo da magnetização permitiria igualmente construir transístores de spin, dispositivos compostos por duas camadas de condutores ferromagnéticos separados por um material não magnético (81).

Atualmente, a investigação sobre a eletrónica de spin envolve praticamente todas as famílias de materiais. Os mais avançados são os estudos sobre as multicamadas magnéticas. Como demonstrado nos anos 80 pelos grupos de Albert Fert (82) em Orsay e de Peter Grunberg (83) em Julich, estes sistemas apresentam uma resistência magnética gigante (GMR). De acordo com a teoria desencadeada por estas descobertas e desenvolvida por Jozef Barnas de Poznan e colaboradores (84), a GMR resulta da dispersão dependente do spin em interfaces adjacentes entre metais não magnéticos e magnéticos, que se altera quando o campo magnético alinha a magnetização de camadas particulares. Desde os anos 90, os dispositivos GMR têm sido aplicados com êxito em cabeças de leitura de discos rígidos de alta densidade.

Os electrões nos metais são livres. Ocupam uma banda de condução parcialmente preenchida. Se considerarmos um metal normal (ou um metal no estado paramagnético), a energia do eletrão é independente da orientação do seu spin. Escolhendo uma direção de quantização, um eletrão com projeção de momento angular de spin (1/2)h ao longo dessa direção tem a mesma energia que um eletrão com projeção de spin -(1/2)h.

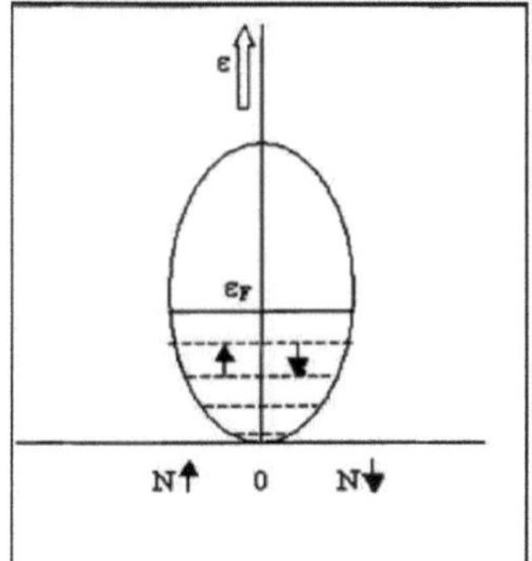

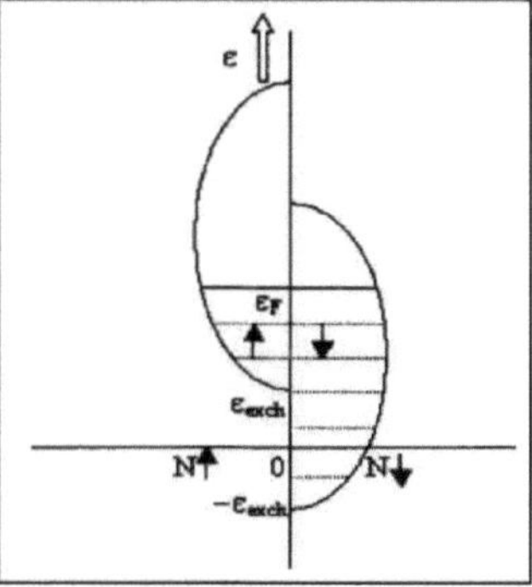

Figura 1 Variação da densidade de número^ I de estados de spin up e^{N}T de spin down com energia s na banda de condução num metal normal s_F é a energia de Fermi.

Figura 2 Variação da densidade de número^ I de estados de spin up e^{N} ^ de estados de spin down com energia s na banda de condução num metal normal s_F é a energia de Fermi.

No zero absoluto da temperatura, o nível de Fermi na energia c f representa o estado de energia mais elevado ocupado na banda de condução. Há um número igual de electrões com spin para cima e para baixo, como mostra a área igual das regiões sombreadas na Figura 2. O spin total de todos os electrões é, portanto, zero. Cada eletrão tem um momento magnético q_B, que aponta numa direção oposta à da projeção do spin. Assim, o momento magnético líquido do material é zero.

Se o metal estiver no estado ferromagnético, a interação de troca entre os electrões diminui a energia de down-spin em relação à energia de up-spin. A densidade de número de estados modifica-se como se mostra na Figura 3.

Há mais electrões com spin para baixo do que com spin para cima. Dizemos agora que o material está polarizado e definimos a polarização Pn em termos da densidade de número *n* T e *n* 4 dos electrões de condução no metal como

$$P_n = \frac{(n\uparrow - n\downarrow)}{(n\uparrow + n\downarrow)}$$

Para um metal normal, que é paramagnético, Pn = 0. Pn pode ter um valor máximo de +1 quando *n* 4=0 e um valor mínimo de - 1 quando *nT é* zero.

A criação de polarização de spin fora do equilíbrio num material não polarizado pode ser feita de várias maneiras. A forma mais simples é aplicar um campo magnético transitório a um metal paramagnético. Uma vez que a suscetibilidade paramagnética de um metal é pequena, é necessário um campo magnético muito elevado para criar uma polarização de spin considerável. Outro método consiste em injetar electrões de um metal ferromagnético num metal normal através da aplicação de um campo elétrico.

3-2 Semicondutores magnéticos diluídos

3-2-1 Introdução

Existe atualmente um grande interesse no domínio emergente da eletrónica de transferência de spin dos semicondutores (spintrónica), que procura explorar o spin dos portadores de carga nos semicondutores. Espera-se que possam ser obtidas novas funcionalidades para a eletrónica e a fotónica se a injeção, a transferência e a deteção do spin dos portadores puderem ser controladas acima da temperatura ambiente.

Esta família de materiais engloba os semicondutores padrão, nos quais uma parte considerável dos átomos é substituída por tais elementos, que produzem momentos magnéticos localizados na matriz do semicondutor. Normalmente, os momentos magnéticos têm origem em conchas abertas 3d ou 4f de metais de transição ou terras raras (lantanídeos). Devido à possibilidade de controlar e sondar as propriedades magnéticas através do subsistema eletrónico ou vice-versa, os DMS têm sido utilizados com sucesso para abordar uma série de questões importantes relativas à natureza de vários efeitos de spin em vários ambientes e em várias escalas de tempo e comprimento (81). Ao mesmo tempo, os DMS apresentam uma forte sensibilidade ao campo magnético e à temperatura e constituem meios importantes para a geração de correntes de spin e para a manipulação de correntes localizadas ou itinerantes. Estas propriedades, complementares às dos semicondutores não magnéticos e dos metais magnéticos, abrem portas à aplicação dos DMS como materiais funcionais em dispositivos spintrónicos (81).

Os estudos aprofundados sobre os DMS tiveram início nos anos 70, em especial no grupo de Robert R. Galazka, em Varsóvia, quando se utilizou Mn devidamente purificado para desenvolver ligas II-VI à base de Mn (85) . Uma vez que, ao contrário dos semicondutores magnéticos, nem as bandas magnéticas estreitas nem a ordenação magnética de longo alcance afectavam as excitações de baixa energia, os DMS foram designados semicondutores semimagnéticos. Mais recentemente, a investigação sobre os DMS foi alargada a materiais que contêm outros elementos magnéticos para além do Mn, bem como a compostos III-VI, IVVI (86) e III-V (87), bem como a semicondutores elementares do grupo IV e a vários óxidos (88). Em consequência, foi descoberta uma variedade de novos fenómenos, incluindo efeitos associados a bandas estreitas e a transformações de fase magnéticas, tornando cada vez mais elusiva a fronteira entre as propriedades do DMS e as dos semicondutores magnéticos.

3-2-2 Impurezas magnéticas em semicondutores

Um bom ponto de partida para a descrição do DMS é o modelo de Vonsovskii, segundo o qual os estados dos electrões podem ser divididos em duas categorias (81):

1. cascas de dorf magnéticas localizadas
2. Estados de banda alargados constituídos por orbitais atómicas s, p e, por vezes, d.

Os primeiros dão origem à presença de momentos magnéticos locais e a transições ópticas intracentrais. Os segundos formam bandas, muito semelhantes às das ligas semicondutoras não magnéticas. De facto, a constante de rede do DMS obedece à baixa de Vegard e o intervalo de energia Eg entre a banda de valência e a banda de condução depende de x de uma forma qualitativamente semelhante à dos seus homólogos não magnéticos. O carácter magnético das impurezas nos sólidos resulta de uma competição entre (i) a hibridação dos estados locais e estendidos, que tende a deslocalizar os electrões magnéticos e (ii) as interações de Coulomb no local entre os electrões localizados, que estabilizam o momento magnético de acordo com a regra de Hund.

Uma vez que as propriedades magnéticas dos semicondutores ferromagnéticos são, em muitos casos, uma função da concentração de portadores no material, será possível ter um magnetismo controlado eletricamente ou opticamente através da ativação de campos em estruturas de transístores ou da excitação ótica para alterar a densidade de portadores.

Dado que, durante décadas, os compostos semicondutores III-V foram aplicados como dispositivos fotónicos e de micro-ondas, a descoberta do ferromagnetismo, primeiro nos In1-xMnxAs (89) e depois nos Ga1-xMnxAs por Hideo Ohno e colaboradores em Sendai (90), constituiu um marco importante. Nestes materiais, os iões de Mn divalentes substitucionais fornecem spins localizados e funcionam como centros aceitadores que fornecem buracos que medeiam o acoplamento ferromagnético entre os spins de Mn de origem (91) (92) (93). Noutro grupo de semicondutores tecnologicamente importante, nos compostos II-VI, as densidades de spins e portadores podem ser controladas independentemente, à semelhança dos materiais IV-VI, nos quais o ferromagnetismo mediado por buracos foi descoberto por Tomasz Story et al. em Varsóvia já nos anos 80 (94).

Estimulados pelas previsões teóricas do autor (95), os laboratórios de Grenoble e Varsóvia, dirigidos pelo falecido Yves Merle d'Aubigne, uniram esforços para levar a cabo uma investigação exaustiva, lidando com o ferromagnetismo induzido por portadores em materiais II-IV contendo Mn.

Guiados pela quantidade crescente de resultados experimentais, T. Dietl et al (96) (97) propuseram um modelo teórico do ferromagnetismo controlado por buracos em semicondutores IIIV, II-VI e do grupo IV contendo Mn.

Capítulo 4

4- Resultados e discussões

Este capítulo é dedicado aos principais resultados dos cálculos FP-LAPW efectuados em compostos de GaN, AN e InN e dopados com vanádio, crómio, manganês, ferro

Na parte I, estudamos as propriedades estruturais e electrónicas dos compostos III-N (AlN, GaN e InN)

. Na parte II, concentramo-nos no estudo do efeito do vanádio, crómio, manganês, ferro sobre o AlN GaN e seus compostos e determinamos as principais caraterísticas (estruturais, electrónicas, magnéticas e ópticas) dos semicondutores magnéticos diluídos All-xTMxN e Gal- xTMxN e Inl-xTMxN (com TM=V, Cr, Mn, Fe e x=0.125, x=0.25,x=0.50,x=0.75)

4-1-1 Método de cálculo

Os nossos cálculos são efectuados utilizando o potencial escalar relativista completo de onda plana linearizada aumentada FP-LAPW (98).

A configuração eletrónica do GaN é Ga: Ar $3d^{10}4s^{2}4p^{1}$, N: He $2s^{2}2p^{3}$. Utilizámos uma aproximação para o cálculo do funcional de energia de correlação de troca, que é a aproximação padrão da densidade local (LDA), tal como implementada no código W1EN2K (98). Para obter a convergência dos autovalores de energia, as funções de onda na região intersticial foram expandidas em ondas planas com um corte de k_{max} = $_{8/R(MT)}$ (onde RMT é o raio médio das esferas MT). É adoptada uma malha de 64 pontos k especiais na cunha irredutível da zona de Brillouin (fBZ). Os valores de R_{mt} para o GaN são assumidos como sendo 1,74 e 1,62 a.u. para o Ga e o N, respetivamente. O GaN tem uma estrutura de blenda de zinco com grupo espacial F43m em que o átomo de Ga está localizado em (0, 0, 0) e o átomo de N em (0.25, 0.25, 0.25).

Os raios R_{MT} de Al, N, Cr, V, Fe e Cr, que não se sobrepõem, são considerados tão grandes quanto possível. Os valores de R_{mt} para AlN são assumidos como sendo 1,80 e 1,60 a.u. para Al e N, respetivamente. A configuração eletrónica do AlN é Al:Ne3s23p1, N:He $2s^{2}2p^{3}$.

Os valores de R_{mt} para fnN são assumidos como sendo 2,10 e 1,65 a.u. para fn e N, respetivamente. A configuração eletrónica do InN é In: Kr $4d^{10}5s^{2}5p$\ N: He $2s^{2}2p^{3}$. A configuração eletrónica do TM é V:Ar $4s^{2}\,3d^{3}$,Cr: Ar $4s^{1}\,3d^{5}$ Mn : Ar $4s^{2}\,3d^{5}$,e Fe : Ar $4s^{2}\,3d^{6}$. Para a configuração eletrónica dos iões TM utilizamos: V^{3+}: Ar $3d^{2}$(com 2 electrões no estado eg), Cr^{+3}: Ar $3d^{3}$(com 2 electrões no estado eg e 1 eletrão no estado t2g), Mn^{+3}: Ar $3d^{(4)}$(com 2electrões no estado eg e 2electrões no estado t2g) e Fe^{+3}: Ar $3d^{5}$(com 2 electrões no estado eg e 3 electrões no estado t2g).

Quando a TM é dopada com uma concentração x=0,25, os cálculos são efectuados com uma supercélula de oito átomos, construída tomando a célula unitária padrão 1x1x1 da estrutura com simetria cúbica pertencente ao grupo espacial P43m. Na supercélula de oito átomos, substituímos um átomo de Ga (Al, fn) em (0, 0, 0) por uma TM (TM=V, Cr, Mn, Fe). Para x=0,5, substituímos dois átomos de Ga (Al, fn) por dois TM. Para x=0,75 substituímos três átomos de Ga (Al,In) por 3 TM. Para x=l substituímos os quatro átomos de Ga por TM. O processo de iteração foi repetido até que a energia total calculada do cristal convergisse para menos de 10^{-4}Ryd.

As estruturas de GaN, AlN e InN são zincblenda, para esta estrutura a determinação da geometria teórica de equilíbrio é simples, uma vez que existe apenas uma constante de rede "a" com dois átomos por célula unitária, um em (0,0,0) e o outro em $(\frac{1}{4},\frac{1}{4},\frac{1}{4})$, com vectores unitários

$$\vec{a}=(0,\frac{1}{2},\frac{1}{2})\ ,\vec{b}=(\frac{1}{2},0,\frac{1}{2})\ ,\vec{c}=(\frac{1}{2},\frac{1}{2},0)$$

A B C

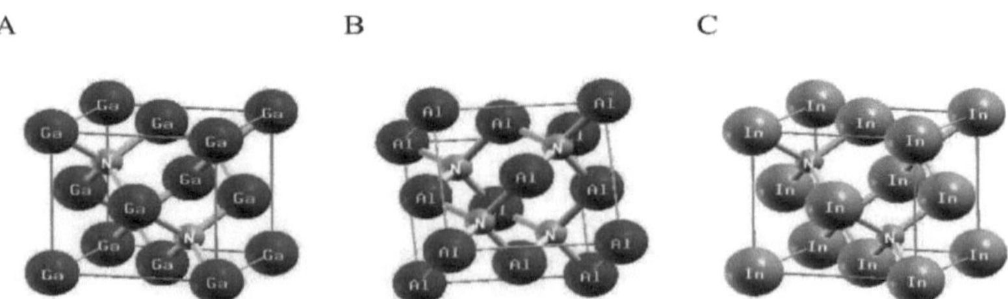

Figura 3: estrutura da Zincblenda: A) GaN, B) AIN, C) InN

4-1-2 Propriedades estruturais de GaN , AlN e InN

As propriedades estruturais são obtidas por uma minimização da energia total em função do volume para GaN, AlN e InN na estrutura de zinco-blenda (ver Figuras 5. Calculamos as constantes de rede, o módulo de massa e a derivada de pressão do módulo de massa ajustando a energia total ao volume de acordo com a equação de estado de Murnaghan **(99)**

$$E(V) = E_0(V) + \frac{BV}{B'(B'-1)}\left[B\left(1-\frac{V_0}{V}\right)+\left(\frac{V_0}{V}\right)^{B'}-1\right]$$

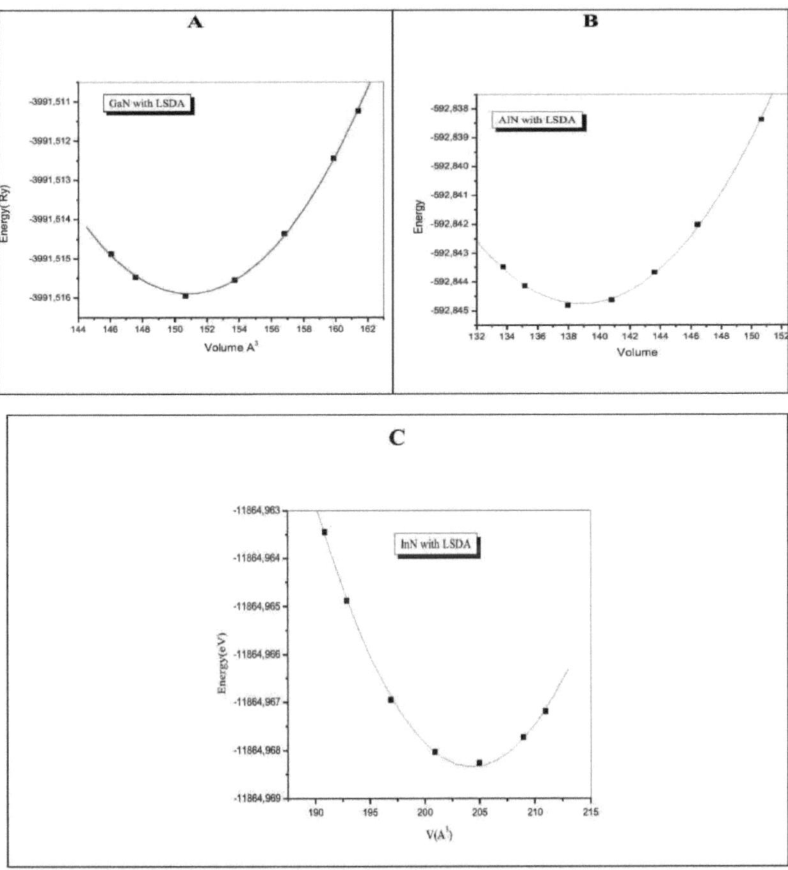

Figura 4: Energia total em função do volume para :A)GaN, B)A1N, C) InN

Na Tabela 8 estão resumidos os nossos resultados de otimização da estrutura para GaN, AlN e InN de zincblenda com cálculos LSDA

Quadro 8 Constantes de rede a, módulo de bulk B e derivações de pressão do módulo de bulk B' de GaN, AlN, InN

Composto	a(A°)	B	B'
GaN	4.4691	205.938	3.9715

AlN	4,407	4.349 (100)	213.0431	212.7 (100)	4.0847	3.74 (100)
InN	4.9438		146.4532		4.8700	

4-1-2 Propriedades electrónicas do GaN, AIN e InN

4-1-2-1 Estrutura da banda

As estruturas das bandas electrónicas da zincblenda GaN, AIN e InN à pressão normal ao longo dos principais pontos de simetria na zona de Brillouin são apresentadas nas Figuras 6. No caso do nitreto de gálio, notamos que a estrutura apresenta um "band gap" direto em r com um valor de 1,57eV com aproximação LSDA, o cálculo de R. Ahmed etal (101) com aproximação GGA tem um valor de 1,747 eV em r . O intervalo de banda do AlN é indireto; situa-se entre o ponto T (o máximo da banda de valência) e o ponto X (o mínimo da banda de condução), pelo que se trata de um intervalo de banda indireto T-X. O intervalo de banda indireto é de 3,19eV; R. Ahmed etal (101), com uma aproximação GGA, encontrou um valor de 3,31eV. Finalmente, para o nitreto de índio, o intervalo de banda é r direto, o nosso cálculo dá um valor de intervalo de banda de 0,01eV com a aproximação LDA

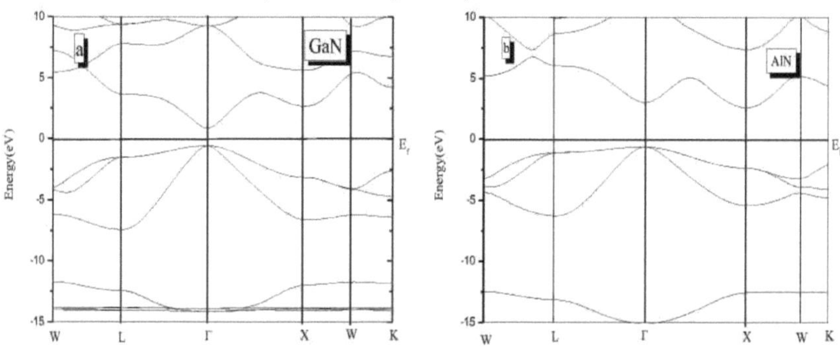

Tabela 9: Energia do intervalo de banda (EV) para GaN, AlN, InN

Composto	Método	Correlação de troca XC	Energia de hiato de Bang (eV)	Tipo de intervalo de banda
GaN Trabalho atual				
	FP-LAPW	LDA	Eg(r^v-T^c) 1,57	Direct
	FP-LAPW	LDA	Eg(r^v-T^c) 1,720 (102)	Direct
	FP-LAPW	GGA	Eg(r^v-T^c) 1,747 (101)	Direct
Exp	-	-	Eg(r^v-T^c) 3,231 (103)	
AlN				
Trabalho atual Exp	FP-LAPW	LDA	Eg [F^v-X^c] 3,19	Indireta
	FP-LAPW	GGA	Eg (F^v-X^c) 3.32(104)	Indireta
	FP-LAPW	LDA	Eg [F^v-X^c] 3.20(105)	Indireta
	FP-LAPW	GGA	Eg [F^v-X^c] 3.31(101)	

	-	-	Eg (F^v-X^c) 5,34 (103)	
InN Trabalho atual				
	FP-LAPW	LDA	Eg [F^v - F^c] 0.00	Direct
	FP-LAPW	LDA	Eg (F^v - F^c) -0,48(102)	Direct
	FP-LAPW	GGA	Eg (F^v - F^c) 0.081 (101)	Direct

Figura 5 Estrutura de banda de: a) GaN, b) AIN, c) InN

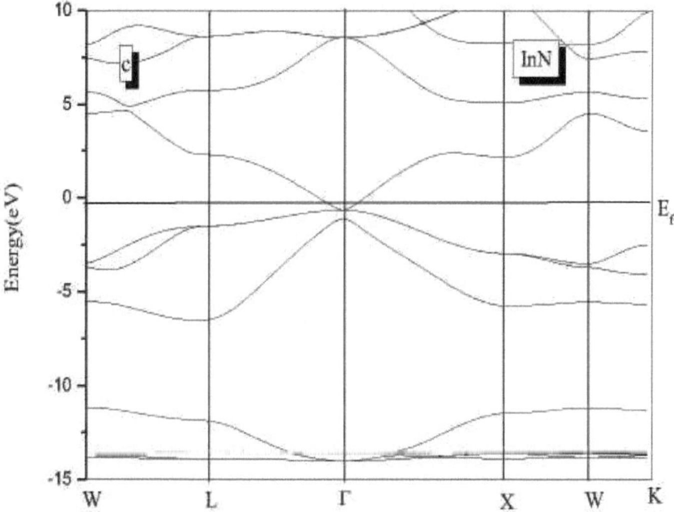

4-1-2-2 Densidades de estados

Um fator essencial na determinação das propriedades electrónicas dos sólidos é a distribuição de energia dos electrões das bandas de valência e de condução. Por exemplo, a análise das funções dieléctricas, das propriedades de transporte e dos espectros de fotoemissão dos sólidos requer o conhecimento da densidade eletrónica dos estados (DOS). As quantidades teóricas, por exemplo, a energia eletrónica total do sólido, a posição do nível de Fermi, exigem cálculos detalhados da densidade eletrónica de estados.

Para verificar a precisão dos resultados das nossas estruturas de banda, apresentamos o DOS calculado de GaN, AlN e InN em estruturas de zincblenda. O DOS é calculado utilizando uma malha de 500 k pontos na IBZ para estruturas ZB.

Figura 6 :DOS total e parcial do GaN

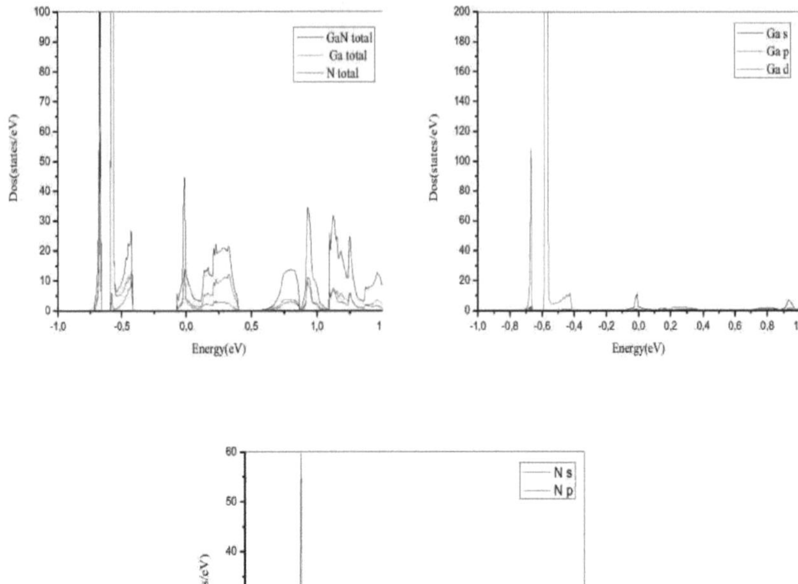

Nas Figuras 7 mostramos os TDOS e PDOS para o GaN. O ZB-GaN apresenta três regiões, a parte inferior das bandas de valência é dominada por estados N 2s, e a parte superior por estados N 2p e Ga 4p. Os estados Ga 4s contribuem para as bandas de valência mais baixas. O grande intervalo de banda direto na estrutura ZB e WZ do GaN deve-se à interação dos orbitais Ga 4s e N 2s que forma o estado de ligação de baixa energia (r^{lv}) e o estado de anti-ligação (r^{lc}). Os estados de ligação e anti-ligação são e empurrados, respetivamente, em relação às energias das orbitais N 2s e Ga 4s pela mesma quantidade de interação s-s .

Figura 7 : DOS total e parcial deAlN

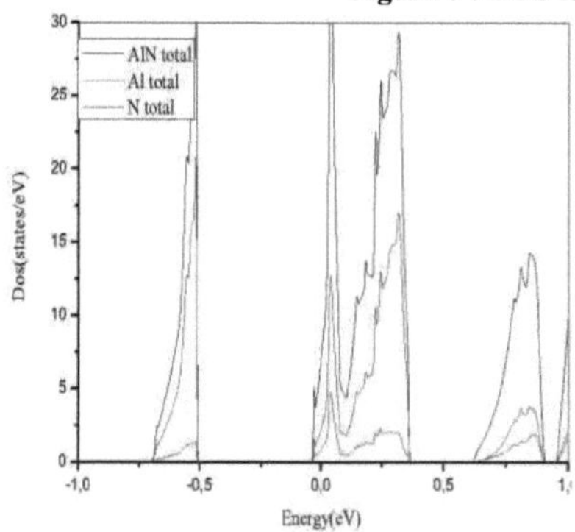

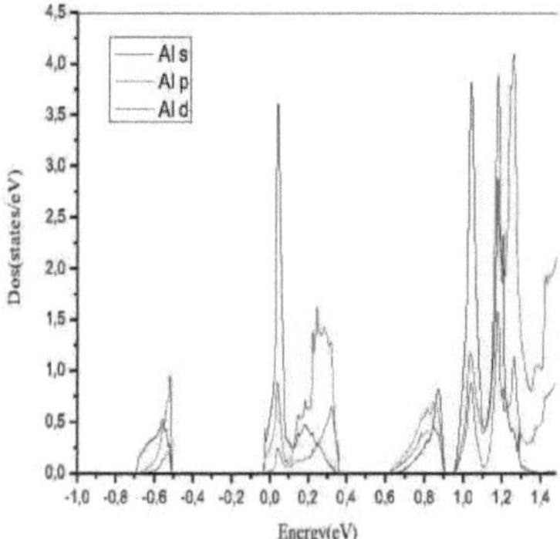

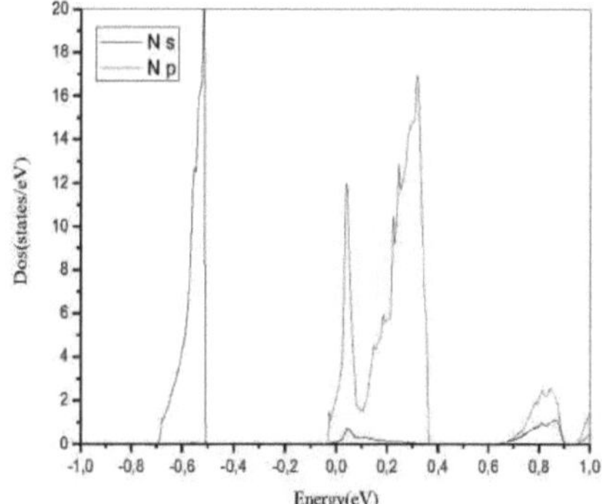

Nas Figuras 8 mostramos a densidade de estados (DOS) total e parcial calculada para o AlN; a densidade de estado de um sistema descreve o número de estados em cada nível de energia que estão disponíveis para serem ocupados: Na densidade de estado total, a parte inferior das bandas de valência é dominada pelos estados N 2s, e a parte superior pelos estados N 2p e Al 3p. Os estados A13s contribuem para as bandas de valência inferiores. A partir das Figuras 8, pode ver-se que a banda 2s do azoto se situa entre -0,7 e -0,5 eV. No caso do A1N, a banda 2s do azoto é mais baixa em energia.

Figura 8: Total e DOS parcial de InN

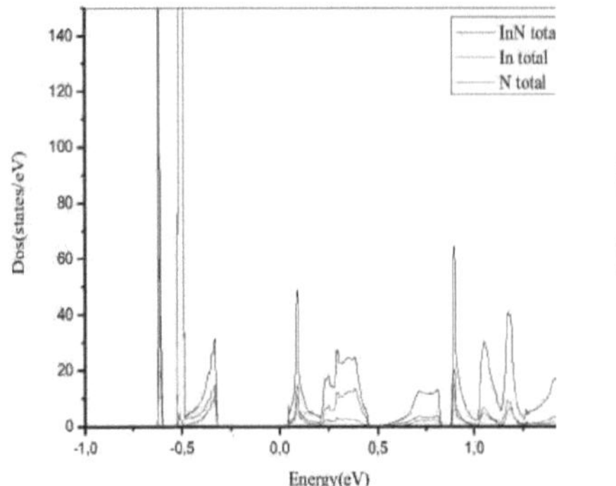

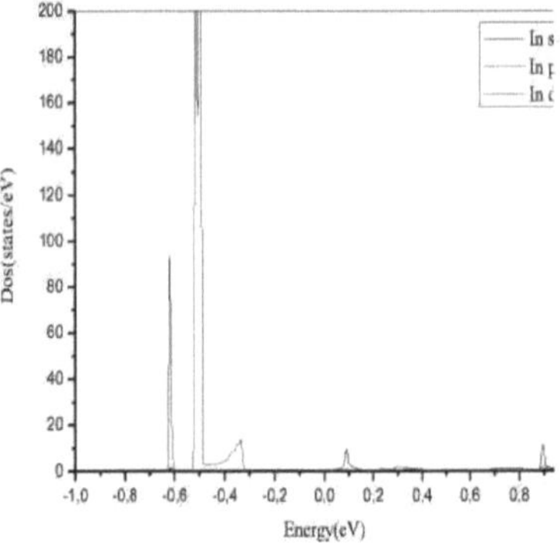

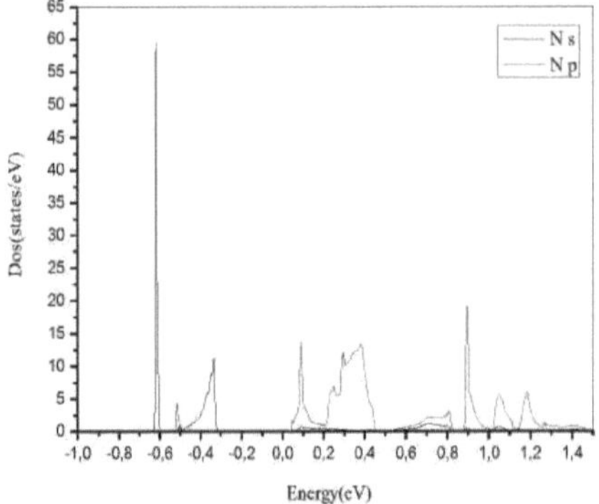

4-2 GaN dopado com TM (TM=V, Cr, Mn, Fe)

Nesta secção, apresentamos um estudo teórico das propriedades estruturais, electrónicas e magnéticas da zinco-blenda $Ga_{1-x}TM_xN$(TM=Cr, Fe, Mn, V) utilizando o método de onda plana aumentada de potencial total (FP-APW) com aproximação da densidade de spin local (LSDA). Analisámos a dependência dos valores dos parâmetros estruturais em relação à composição x na gama de x=0,25, x=0,50, x=0,75 e x=l. O momento magnético do $Ga_{1-x}TM_xN$ foi estudado através do aumento da concentração do átomo TM.

4-2-1 Método de cálculo

As propriedades estruturais, eléctricas e magnéticas do $Ga_{1-x}TM_xN$ (TM=V, Fe, Mn ,Cr) podem ser investigadas utilizando cálculos de energia total e de estrutura eletrónica baseados na aproximação da densidade de spin local (LSDA) à teoria do funcional da densidade: Ar $3d^{10}4s^24p^1$, N:He $2s^22p^3$,e a configuração eletrónica de TM é V:Ar $4s^2 3d^3$,Cr: Ar $4S^1 3d^5$,Mn : Ar $4s^2 3d^5$,e Fe : Ar $4s^2 3d^6$. Para a configuração eletrónica dos iões TM utilizamos: V^{3+}: Ar $3d^2$(com 2 electrões no estado eg), Cr^{+3}: Ar $3d^3$(com 2 electrões no estado eg e 1 eletrão no estado t2g), Mn^{+3}: Ar $3d^{(4)(}$com 2electrões no estado eg e 2electrões no estado t2g) e Fe^{+3}: Ar $3d^5$(com 2 electrões no estado eg e 3 electrões no estado t2g).

Utilizámos uma aproximação para o cálculo do funcional de energia de correlação de troca, que é a aproximação padrão da densidade local (LDA), tal como implementada no código WIEN2K (98). Para conseguir a convergência dos autovalores de energia, as funções de onda na região intersticial foram expandidas em ondas planas com um corte de $k_{max} = 8/R_{MT}$ (em que RMT é o raio médio das esferas MT). É adoptada uma malha de 64 pontos k especiais na cunha irredutível da zona de Brillouin (IBZ). Os valores de R_{mt} para GaN são assumidos como sendo 1,74 e 1,62 a.u. para Ga e N, respetivamente. O GaN tem uma estrutura de blenda de zinco com grupo espacial F43m em que o átomo de Ga está localizado em (0, 0, 0) e o átomo de N em (0.25, 0.25, 0.25). Quando o TM é dopado com uma concentração x=0,25, os cálculos são efectuados com uma supercélula de oito átomos, construída tomando a célula unitária padrão 1x1x1 da estrutura com simetria cúbica pertencente ao grupo espacial P43m. Na supercélula de oito átomos, substituímos um átomo de Ga em (0, 0, 0) por TM. Para x=0,5, substituímos dois átomos de Ga por TM. Para x=0,75, substituímos três átomos de Ga por TM. Para x=1, substituímos os quatro átomos de Ga por TM. O processo de iteração foi repetido até que a energia total calculada do cristal convergisse para menos de 10^{-4}Ryd.

4-2-2 Propriedades estruturais

Uma questão importante é saber como se alteram as propriedades estruturais, electrónicas e magnéticas das ligas semicondutoras em função da composição x. Para estudar estas propriedades das ligas ternárias $Ga_{1-x}TM_xN$ nas composições x = 0, 0,25, 0,50, 0,75 e 1, começamos por calcular as propriedades estruturais do composto binário GaN. Para todas as composições de $Ga_{1-x}TM_xN$, a otimização estrutural é realizada através da minimização da energia total em relação ao volume da célula unitária, utilizando a equação de estado de Murnaghan (99). A constante de rede a, o módulo de massa B e a derivada de pressão de primeira ordem do módulo de massa B', para diferentes concentrações de TM em GaN, são apresentados na Tabela 1.É sabido que os parâmetros estruturais variam com a composição em ligas semicondutoras convencionais. A variação do parâmetro de rede segue a lei de Vegard, mas o mesmo não acontece com as ligas semicondutoras que apresentam fortes diferenças de eletronegatividade e de tamanho dos átomos. As propriedades físicas mostram um forte desvio de uma variação linear simples. Nestes sistemas, as diferenças em relação à lei de Vegard são geralmente fracas. C. Caetano et al (106) salientaram que a lei de Vegard não é válida para nitretos III-V dopados com Mn ou Cr, tais como AlMnN, AlCrN e GaMnN, respetivamente.

O parâmetro de rede "a" em função da concentração x para diferentes compostos pode ser descrito aproximadamente por

a = 4,47861 - 0,10321x - $0,0562x^2$ Para o Ga, Cr N i-x x

a = 4,47451 - 0,0388x - $0,2425x^2$ Para Ga, Fe N i-x x

a = 4,48281 - 0,1601x - $0,0262x^2$ Para Ga, Mn N i-x x

a = 4,46752 + 0,1606x - $0,3324x^2$ Para o Ga, V N 1-x x

Quadro 10 : Constantes de equilíbrio calculadas a (°A), módulos de massa B (GPa), B0(GPa)

Composto	x	a (°A)		B (GPa)		B0 (GPa)	
Ga1-xCrxN	0.00	4.4691		205.938		3.9715	
	0.25	4.4661		216.2531		5.7232	
	0.50	4.4196		189.2637		5.1872	
	0.75	4.3439		245.1002		5.1862	
	1	4.3309		332.7275		7.9803	
Ga1-xFexN	0.00	4.4691		205.938		3.9715	
	0.25	4.4638		199.4842		4.6864	
	0.50	4.3850		205.4623		5.4488	
	0.75	4.3076		268.3626		5.6413	
	1	4.1955		436.4316		7.8518	
Ga1-xMnxN	0.00	4.4691		205.938		3.9715	
	0.25	4.4669		206.966		5.3516	
	0.50	4.4012		125.5645		1.5623	
	0.75	4.3155		916.6179		38.2216	
	1	4.3118	4.30 (107)	1290.4286		34.2606	
Ga1-xVxN	0.00	4.4691		205.938		3.9715	
	0.25	4.4820		206.0678		5.0057	
	0.50	4.4692		220.0170		5.3345	
	0.75	4.3990		247.03565		4.5073	
	1	4.4676		221.7884		7.3912	

Figura 9 : Constante de rede calculada em função da composição TM

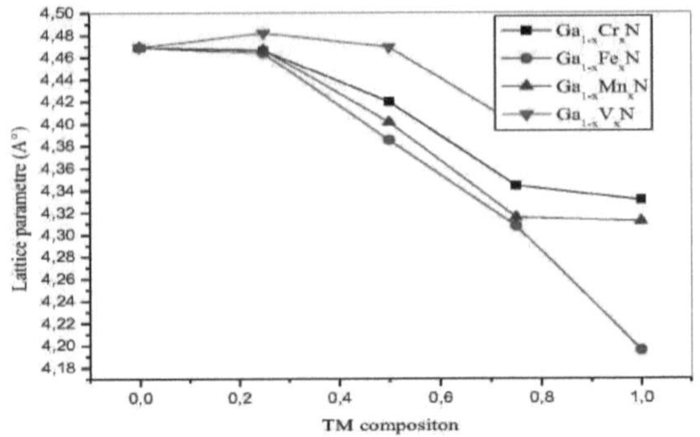

4-2-3 **Propriedades electrónicas**

Para sistemas magnéticos, os cálculos de spin polarizado são realizados utilizando o conceito de electrões de spin-up e spin-down separadamente. Estudamos a estrutura eletrónica dos compostos e discutimos a causa da meia metalicidade; O átomo TM substituído por um sítio catiónico no GaN contribui com três electrões para as ligações pendentes do anião. Os electrões d no sítio dopado do átomo TM são responsáveis pelo seu estado magnético. De acordo com a teoria do campo cristalino, o campo cristalino tetraédrico dos aniões circundantes divide os cinco estados d degenerados de um ião TM livre em estados de simetria t2g (d_{xy}, d_{yz} e d_{zx}) e eg (d_{z2} e d_{x2-y2}) (108),O estado magnético de um ião TM dopado é o resultado da competição entre a energia de divisão do campo cristalino (a diferença de energia entre os estados t2g e eg) e a energia média de emparelhamento de spin (a energia necessária para emparelhar os electrões no estado) (108), uma caraterística importante de um DMS é a existência de interações sp-d entre os portadores de banda s; p do semicondutor hospedeiro e os electrões d do ião TM dopado (109).

As estruturas protótipo do GaN dopado com TM com diferentes concentrações são apresentadas na figura 12.

Figura10 : Estruturas do GaN dopado com Cr: (A) GaN(x=0), (B) Ga0.75Cr0.25N (C) $Ga_{0.5}Cr_{0.5}N$ (D) Ga0.25Cro.75N

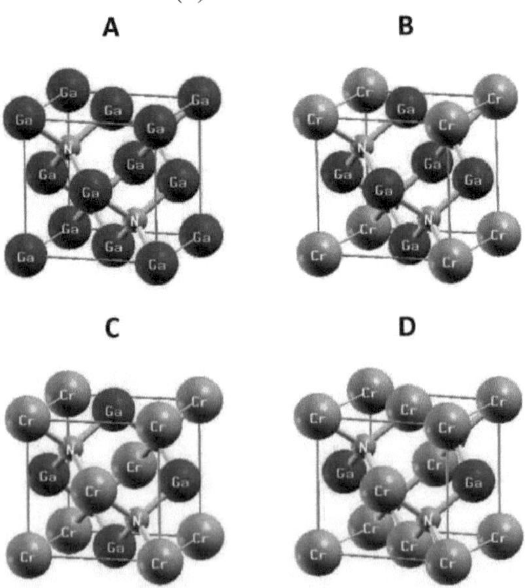

Muitas das caraterísticas mais importantes da estrutura eletrónica do GaN dopado com o sistema TM

podem ser observadas a partir do DOS total por unidade de supercélula e do DOS parcial do átomo de impureza TM, diferentes composições x=0,25, 0,5 e 0,75 são apresentadas nas Figs 13 para o $Ga_{1-x}Cr_xN$; figs16 para o $Ga_{1-x}Fe_xN$; figs 19 para o $Ga_{1-x}Mn_xN$ e finalmente fig 22 para o $Ga_{1-x}V_xN$.

Em primeiro lugar, observamos para o GaN dopado com Cr, Mn e V a x=0,25 um comportamento semi-metálico no sentido em que a densidade de estados do nível de Fermi é finita para o spin maioritário e zero para o spin minoritário, o DOS do spin maioritário é metálico mas a densidade de estados do spin minoritário é semicondutora. Para o Fe, podemos observar a ausência de carácter meio metálico para todas as concentrações. Para x=0,50 e x=0,75 os compostos ternários perdem o carácter semi-metálico. Como se pode ver pela densidade de estados, para todos os compostos de Ga_xTM_xN a banda de valência é dominada pelas orbitais TM(TM=Cr, Mn, Fe, V) d e N p. A banda de valência entre -7 e - 3 eV provém principalmente dos estados N p para $Ga_{0,75}Cr_{0.25}N$.

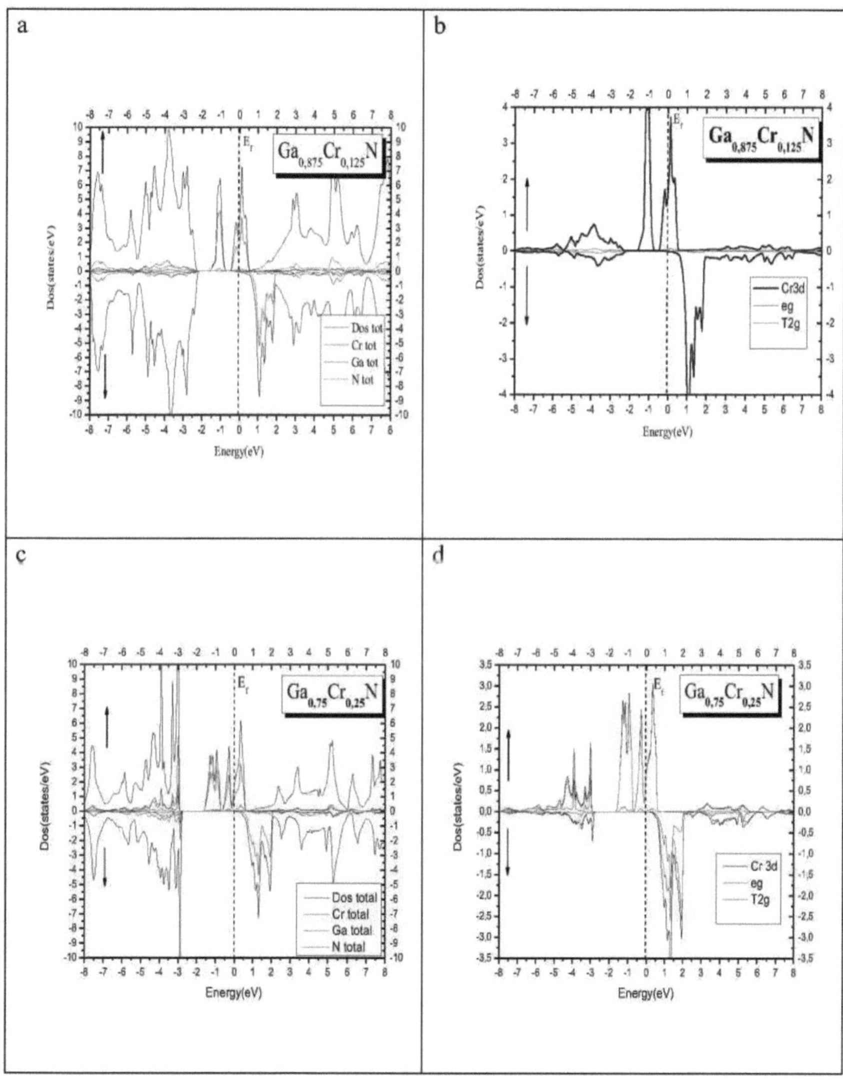

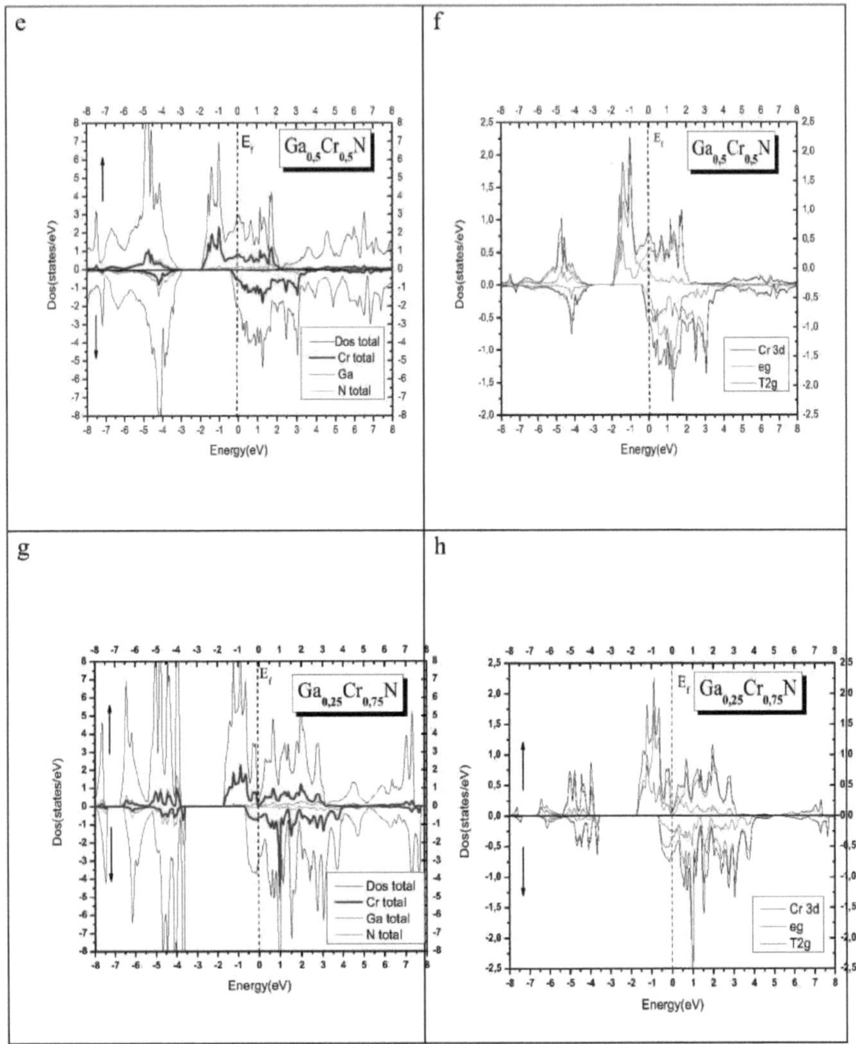

Figura 11: DOS total e parcial para o spin maioritário e o spin minoritário para Gai_$_x$Cr$_x$N

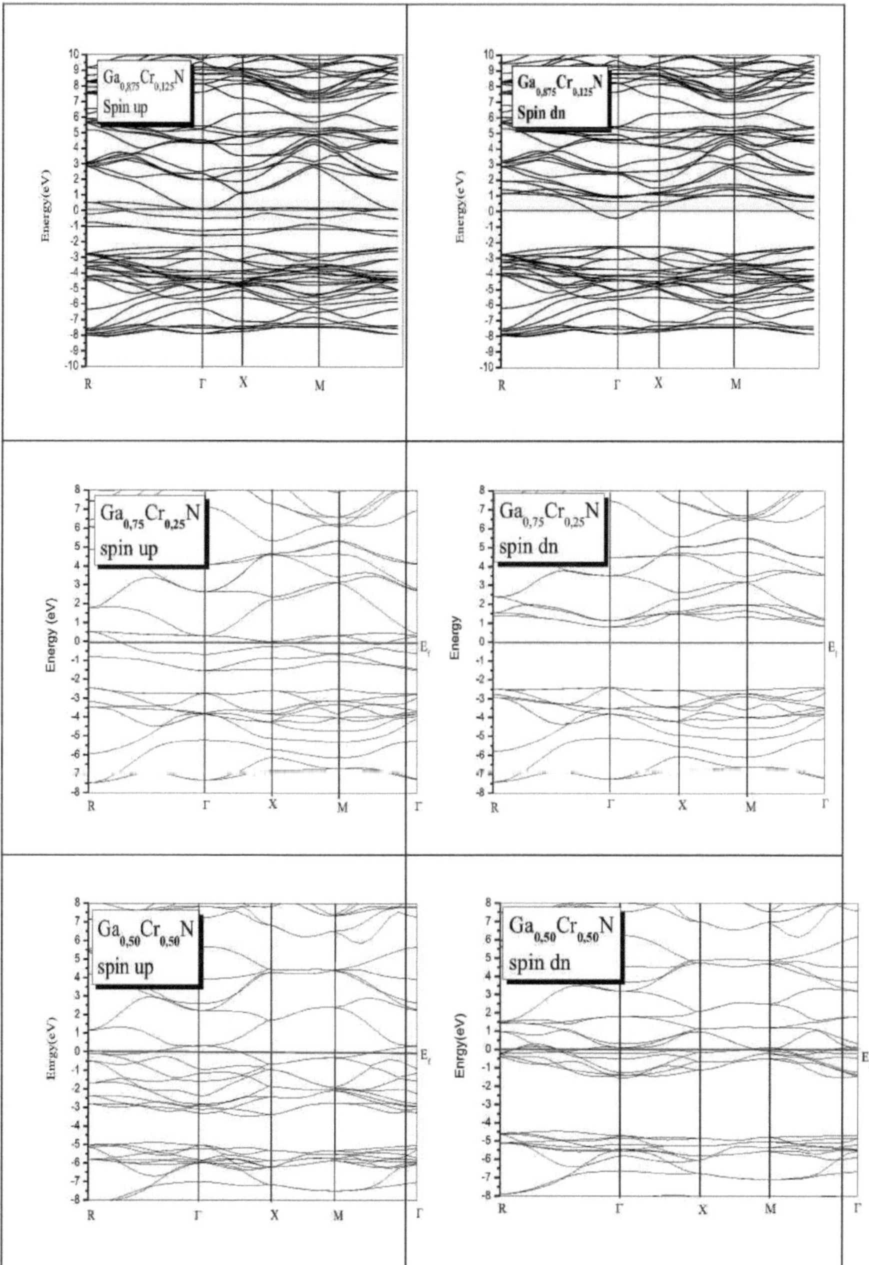

Ga0,875Cr0,125N
Spin up
Energy(eV)
R
Γ
X
M
Ga0,875Cr0,125N
Spin dn
Energy(eV)
Ga0,75Cr0,25N
spin up
Energy (eV)
E_f
Ga0,75Cr0,25N
spin dn
Energy
Ga0,50Cr0,50N
spin up
Emrgy(eV)
Ga0,50Cr0,50N
spin dn
Enrgy(eV)

Figura12 :Estruturas de banda polarizadas por spin para spin maioritário (up) e spin minoritário (dn) para Ga1-xCrxN

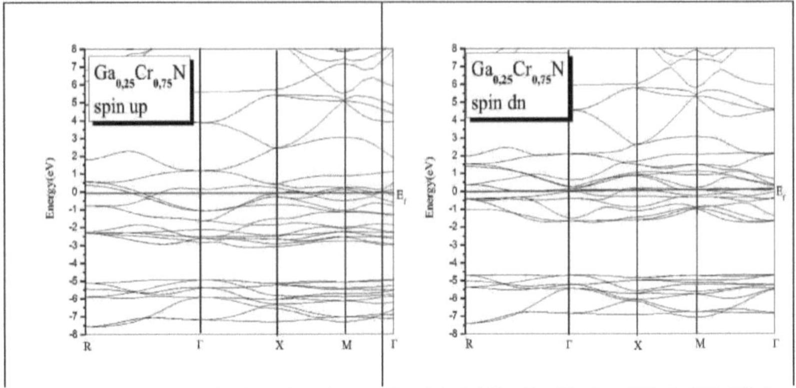

Figura 13 Estruturas do GaN dopado com Fe: (A) GaN(x=0). (B) Gao.75FeO.25N (C) Gao.5Feo.5N (D) Ga0.25Fe0.75N

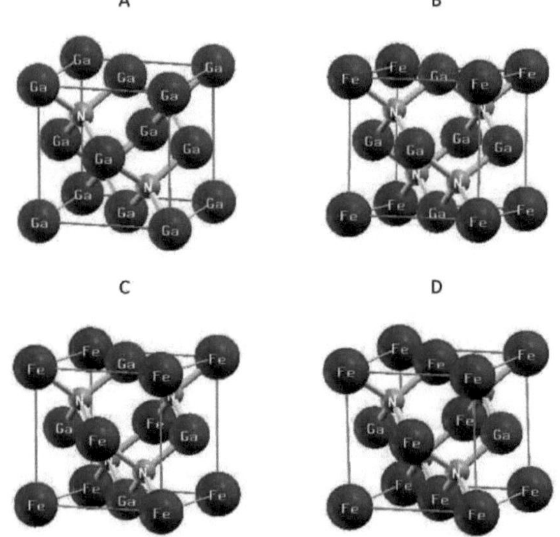

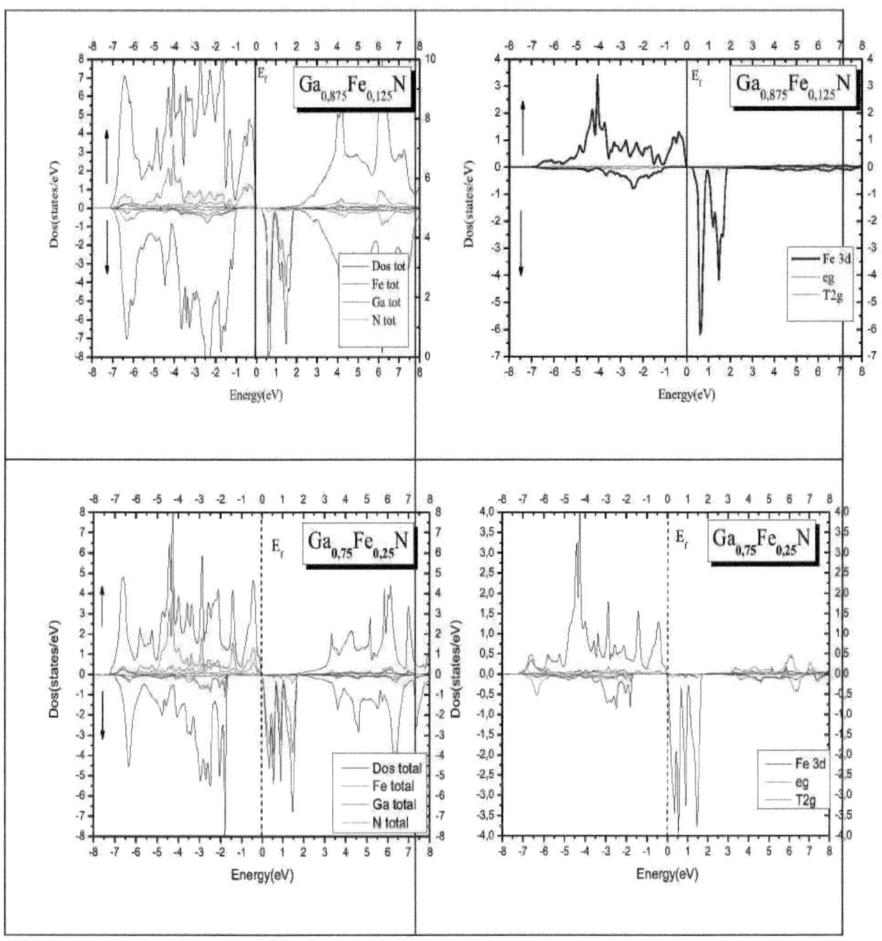

Ga$_{0,875}$Fe$_{0,125}$N
E$_f$
Dos tot
Fe tot
Ga tot
N tot
Dos(states/eV)
Energy(eV)
Fe 3d
eg
T2g
Ga$_{0,75}$Fe$_{0,25}$N
Dos total
Fe total
Ga total
N total

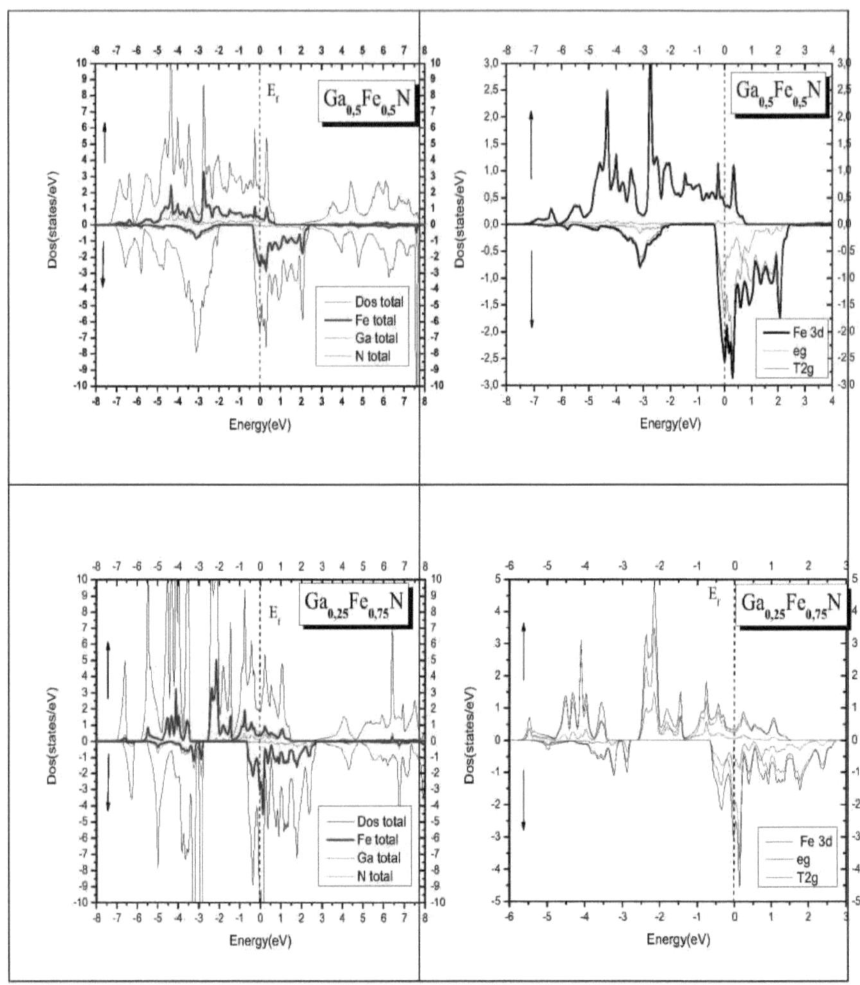

Figura 14 : DOS total e parcial para o spin maioritário e o spin minoritário para $Gai\_{}_{x}Fe_{x}N$

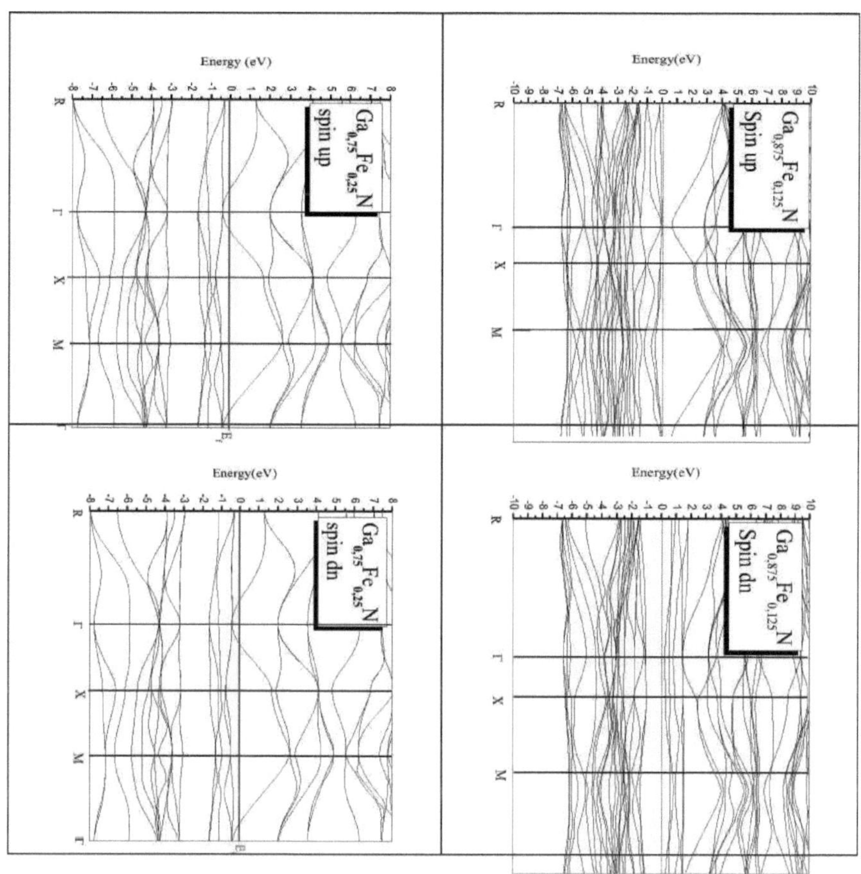
Ga0,75Fe0,25N spin up
Ga0,875Fe0,125N Spin up
Ga0,75Fe0,25N spin dn
Ga0,875Fe0,125N Spin dn
Energy (eV)
Energy(eV)
R
Γ
X
M

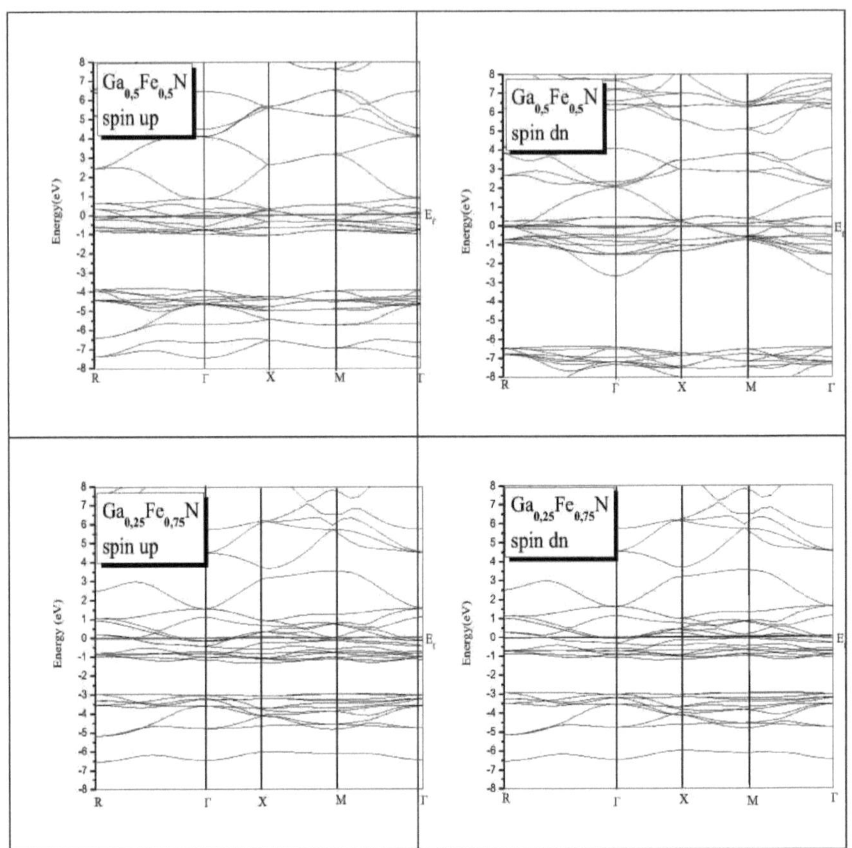

Figura 15: Estruturas de banda polarizadas por spin para spin maioritário (up) e spin minoritário (dn) para Gal-xFexN

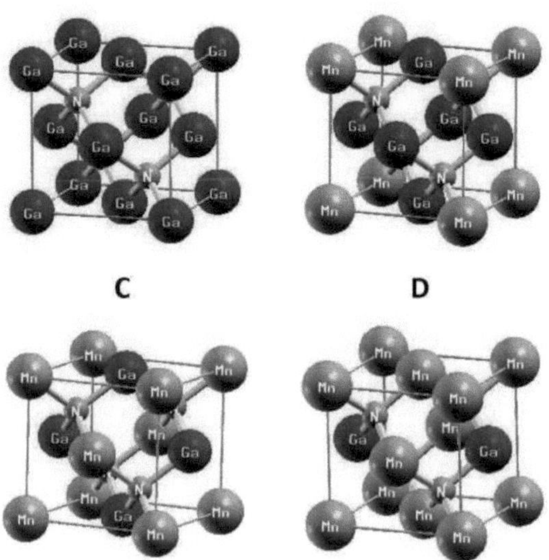

Figura 16 : Estruturas do GaN dopado com Mn: (A) GaN(x=0), (B) Gao.75MnO.25N **(C) Gao.5Mno.**5N **(D) Gao.25Mno.75N**

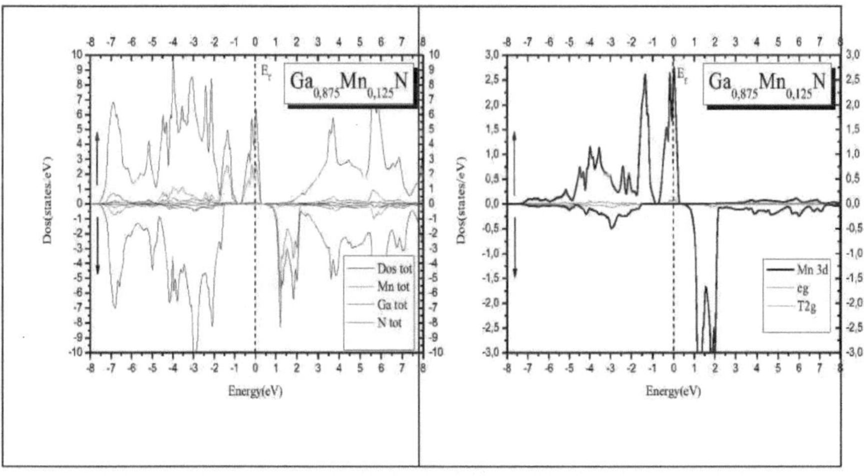

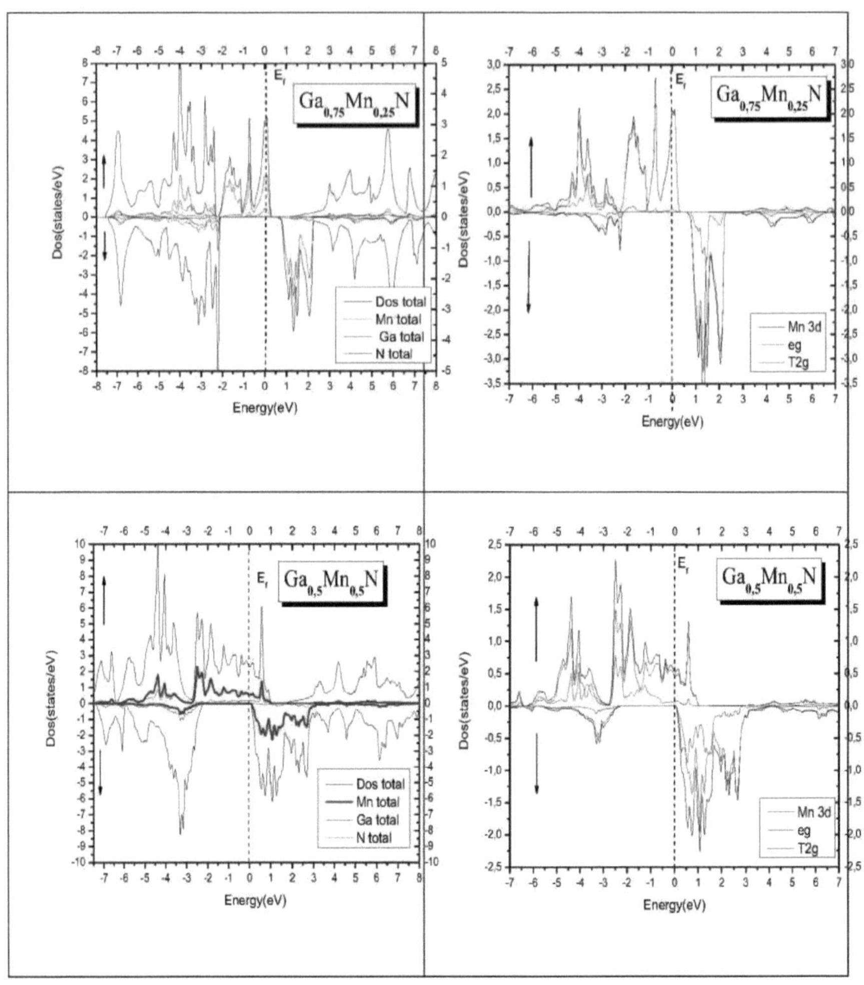

Ga0,75Mn0,25N
Dos total
Mn total
Ga total
N total
Mn 3d
eg
T2g
Ga0,5Mn0,5N
Ef
Dos(states/eV)
Energy(eV)

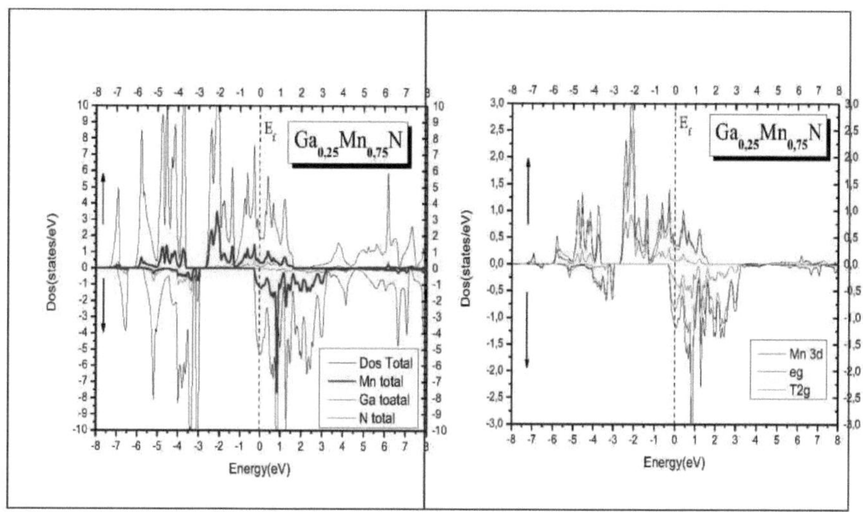

Figura 17: DOS total e parcial para o spin maioritário e o spin minoritário para Gai_$_x$Mn$_x$N

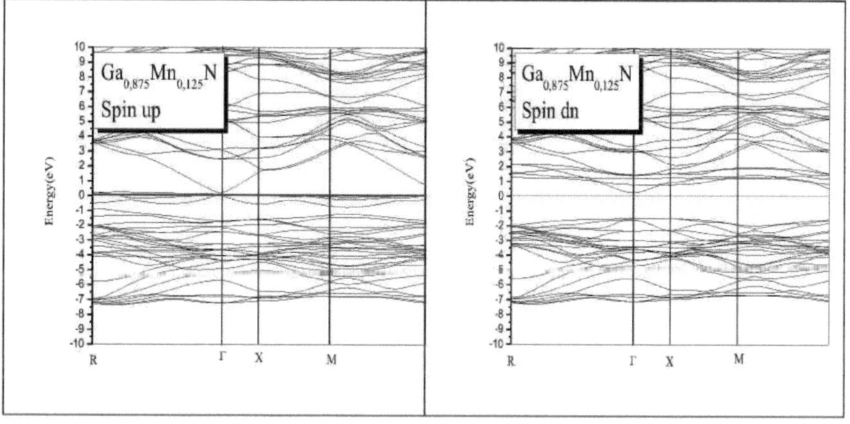

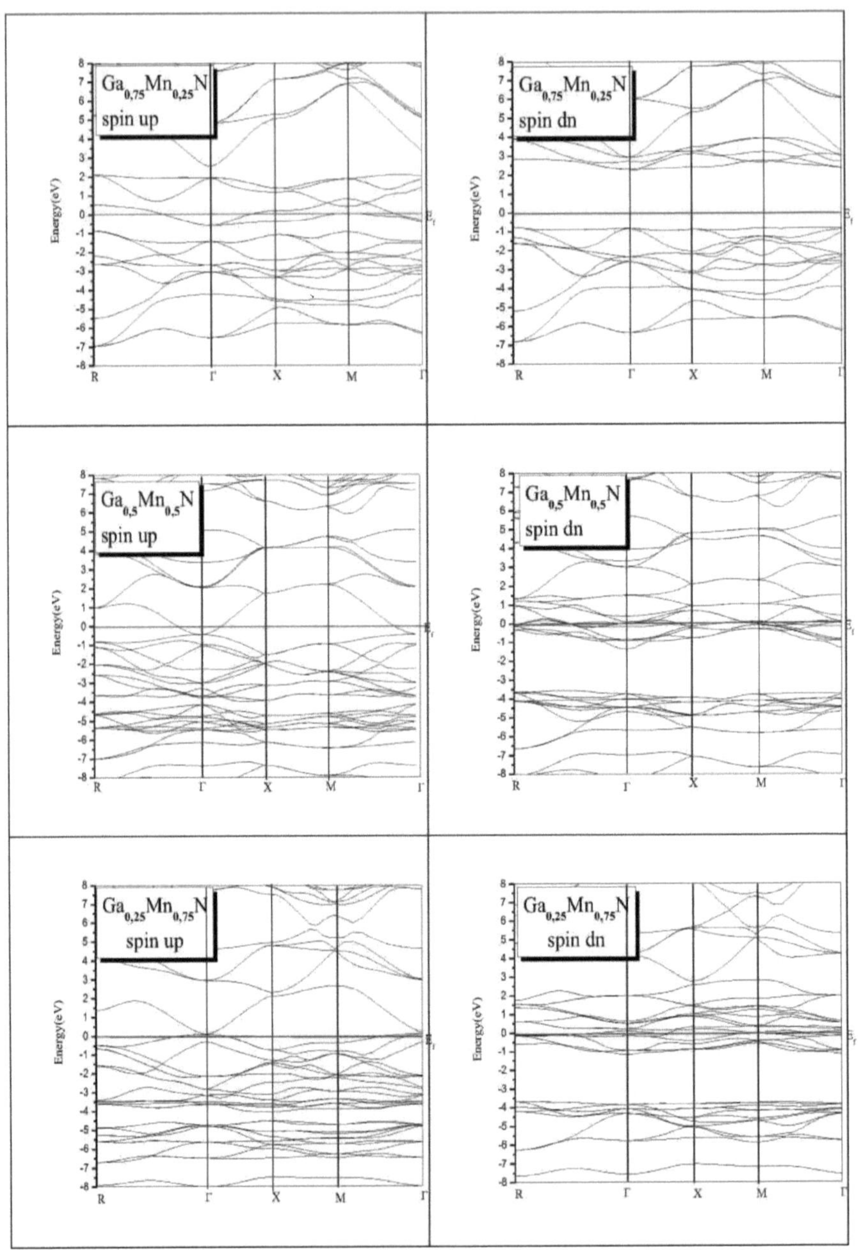

Ga$_{0,75}$Mn$_{0,25}$N spin up
Ga$_{0,75}$Mn$_{0,25}$N spin dn
Ga$_{0,5}$Mn$_{0,5}$N spin up
Ga$_{0,5}$Mn$_{0,5}$N spin dn
Ga$_{0,25}$Mn$_{0,75}$N spin up
Ga$_{0,25}$Mn$_{0,75}$N spin dn
Energy(eV)
R
Γ
X
M
E_f

Figura 18 Estruturas de banda polarizadas por spin para spin maioritário (up) e spin minoritário (dn) para Gal- xMnxN

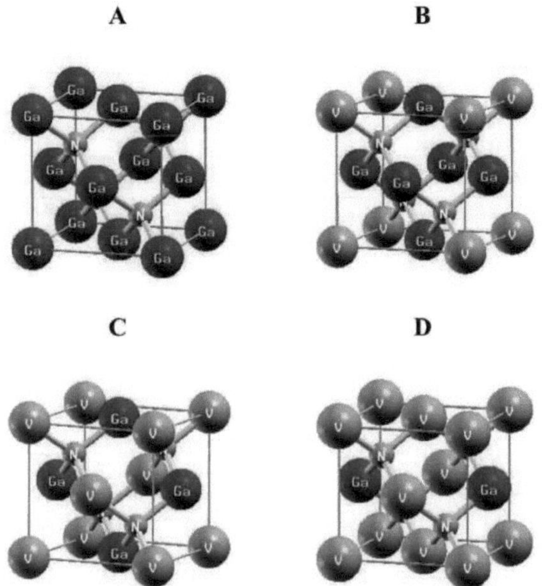

Figura19: Estruturas de GaN dopado com V: (A) GaN(x=0), (B) Gao.75VO.25N (C) Gao.5Vo.5N (D) Gao.25Vo.75N

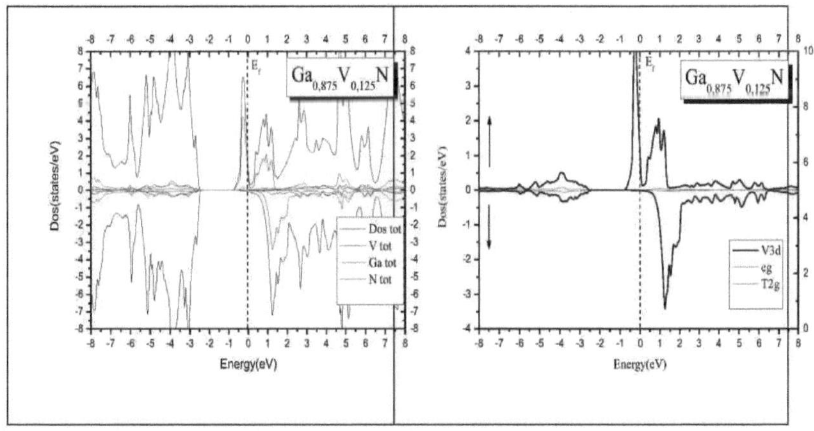

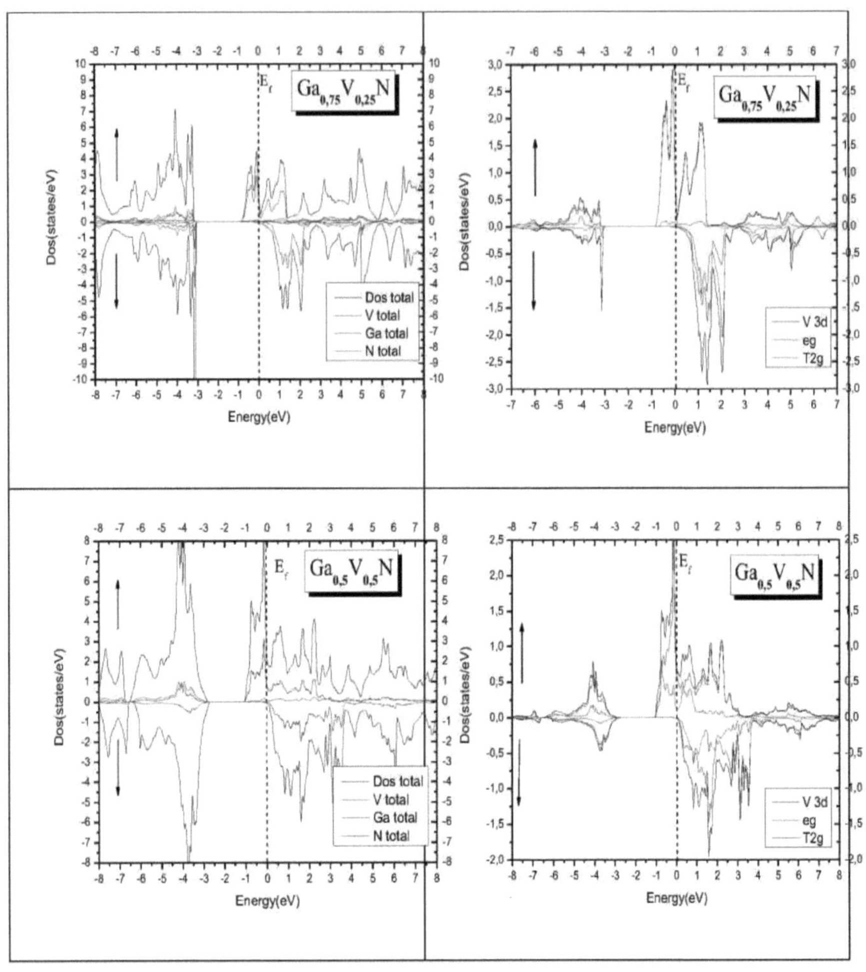

Ga0,75V0,25N
Ef
Dos(states/eV)
Energy(eV)
Dos total
V total
Ga total
N total
V 3d
eg
T2g
Ga0,5V0,5N

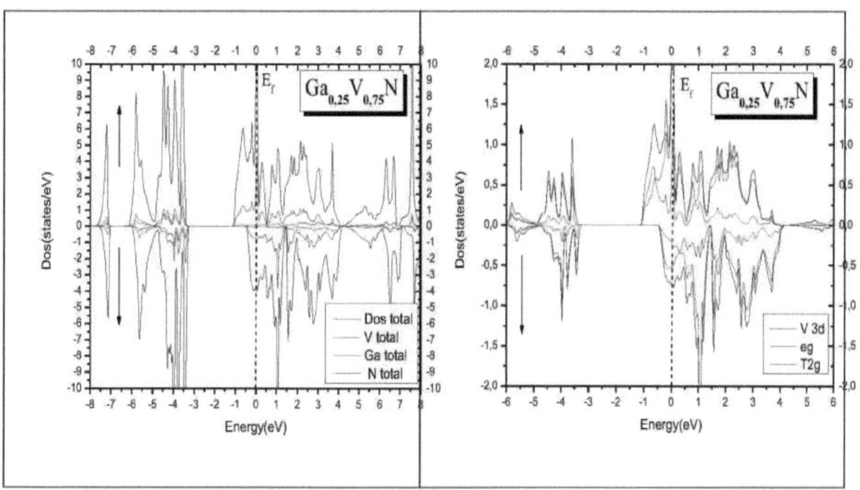

Figura 20 : DOS total e parcial para o spin maioritário e o spin minoritário para $Ga_{1-x}V_xN$

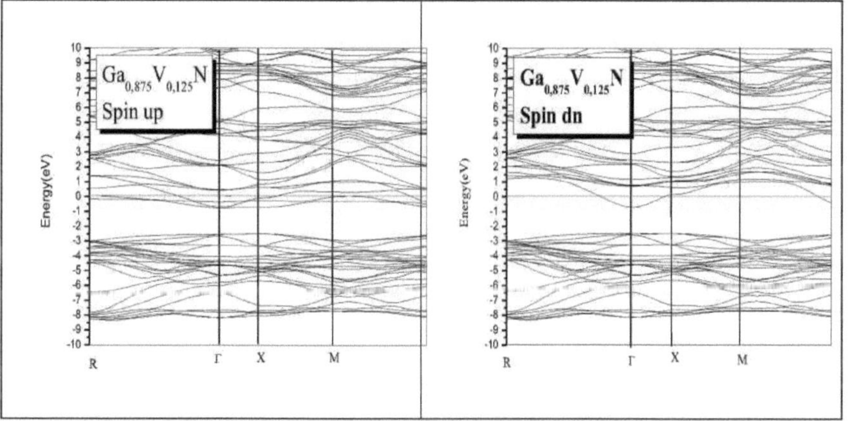

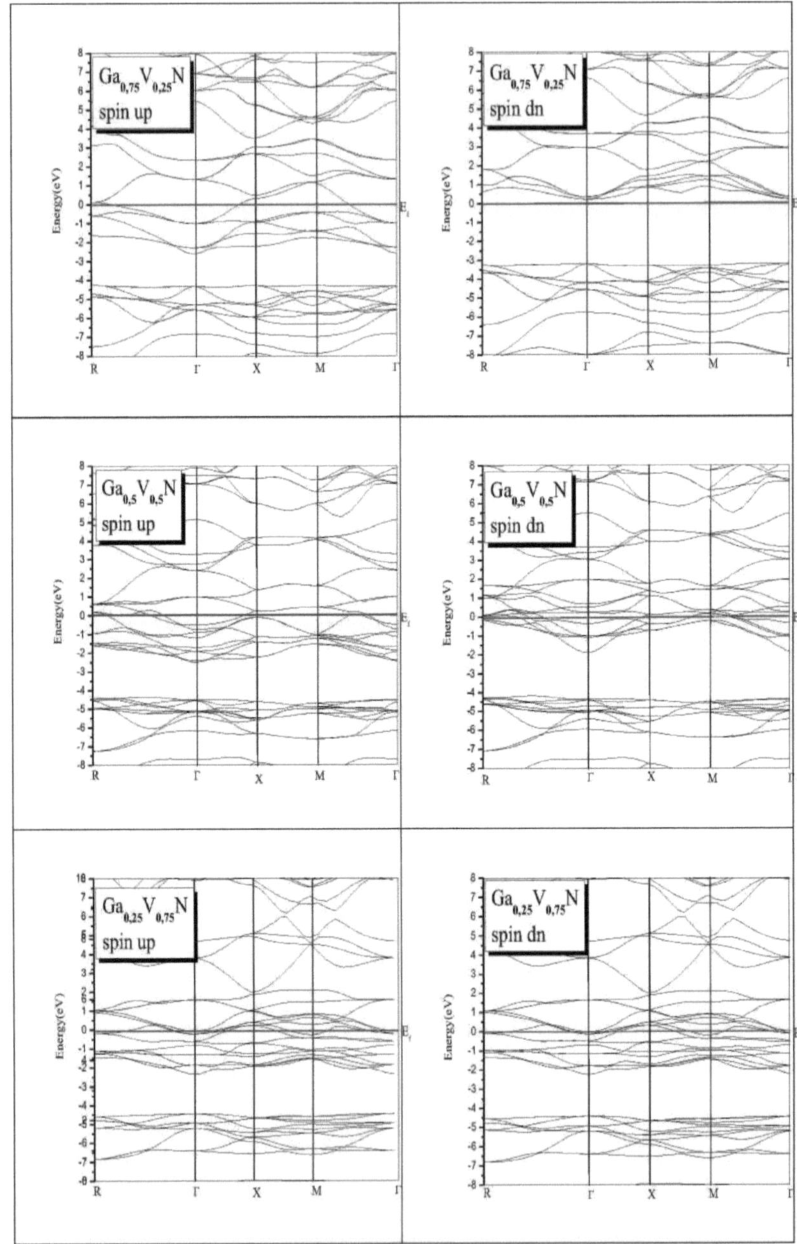

Figura 21: Estruturas de banda polarizadas por spin para spin maioritário (up) e spin minoritário (dn) para Ga1-xVxN

4-2-4 **Propriedades magnéticas**

Na Tabela ll apresentamos o resultado dos cálculos efectuados com o método teórico que adoptámos. O momento magnético total da célula unitária, para as ligas $Ga_{l-x}TM_xN$, (TM =Cr, Mn, Fe, V) para x=0.25,x=0.50,x=0.75 é decomposto nas contribuições das esferas atómicas de Ga, TM e da região intersticial para cada momento angular. A magnetização total da célula é de $3g_B$ para o $Gao._75Cr_{o.25}N$, os momentos magnéticos no interior das esferas atómicas são ~2,52gB para o Cr,~0,01 para o Ga e ~ 0,588 na região intersticial. Para $Ga_{0.75}Mn_{0.25}N$, $Ga_{0.5}Mn_{0.5}N$ e $Ga_{0.25}Mn_{0.75}N$ o momento magnético total é de 4 g_B, 8LB e 12LIB respetivamente. Considerando que os momentos magnéticos totais são uma caraterística típica dos compostos semi-metálicos, pode ver-se na Tabela 2 que os momentos magnéticos totais de todos os compostos provêm principalmente do átomo TM e que as contribuições do Ga, do N e do intersticial são muito pequenas.

Tabela II: Momento magnético total e local em $Ga_{l-x}TM_xN$(TM=Cr, Mn ,Fe, V)

Composto	x	M^{tot} (gB/célula)	M^{TM}	m^{Ga}	m^{N}	M intersticial
Gal-xCrxN	0	-	-	-	-	-
	0.25	2.9743 3.00 (108)	2.52775 2.97 (108)	0.01879	-0.05019 -0.070 (108)	0,58811
	0.50	5.99129	2.38568	0.03135	-0.03855	1.31120
	0.75	5.98881	1.76992	0.02706	-0.08593	
	1.00	-	-	-	-	-
Gaj.xFexN	0.25	0.00021	0.00013	0.00000	0.00000	0.00006
	0.50	7.94011	3.21024	0.03022	0.14203	0.88884
	0.75	0.45762	0.13986	0.00037	0.00257	0.04522
	1	-	-	-	-	-
Gaj. $_xMn_xN$	0.25	4.00026 3.98 (110)	3.15397 3.313 (110)	0.02536 0.028 (110)	0.03112 0.002 (110)	0.64707 0.517(110)
	0.50	8.00029 8.00 (110)	3.44034 3.345 (110)	0.03501 0.057 (110)	0.02901 0.008 (110)	1.16421 1.16 (110)
	0.75	12.00037	3.48362	0.05061	-0.03895	1.65102
	1	-	-	-	-	-
Gaj.xVxN	0.25	1.96097 2.00 (108)	1.54329 2.039 (108)	0.01585	-0.02497 -0.046 (108)	0.47110
	0.50	3.98543	1.57450	0.02793	-0.06468	1.03934
	0.75	0.22593	0.05894	0.00242	-0.00070	0.04812
	1	-	-	-	-	-

A hibridação entre o ião TM e os iões N desempenha um papel importante na formação de momentos magnéticos induzidos. Os iões V, Cr e Mn induzem interações antiferromagnéticas nos átomos de Ga e N vizinhos, enquanto o ião Fe induz interações ferromagnéticas nos átomos de Ga e N circundantes do semicondutor hospedeiro GaN. A dopagem substitucional de um ião TM num sítio de Ga altera o número de estados de spin-up e/ou spin-down na banda de valência do GaN. O V, o Cr, o Mn e o Fe têm 2, 3, 4 e 5 electrões extra, respetivamente. Para V, Cr e Mn os estados de valência spin-up aparecem desocupados, estes estados de buraco de impureza são do tipo spin-up. Devido à hibridização entre os iões N e TM, estes estados de buraco do ião TM ficam parcialmente ocupados e, consequentemente, os estados de spin descendente do N ficam mais ocupados do que os estados de spin ascendente. Isto dá origem a um momento magnético induzido nos átomos de N antiparalelo ao dos iões TM (V, Cr, Mn). No caso do Fe, todos os estados de spin-up estão ocupados, mas os estados de spin-down estão vazios.

4-3 AIN dopado com TM (TM=V, Cr, Mn, Fe)

4-3-1 Método de cálculo:

Com o objetivo de estudar as propriedades estruturais e electrónicas das ligas $TM_xAl_{1-x}N$ (TM= Cr, V, Fe, Mn), (x=0.25,0.50,0.75,l) efectuámos cálculos auto-consistentes utilizando a abordagem do método de onda plana aumentada linearizada de potencial total (FP-LAPW) com base na teoria do funcional da densidade, utilizámos uma aproximação para o cálculo do funcional de energia de correlação de troca, ou seja, a aproximação padrão da densidade local (LDA), tal como implementada no código WIEN2K (98). Os valores de R_{mt} para AlN são assumidos como sendo l.80 e l.60 a.u. para Al e N, respetivamente. As funções de onda na região intersticial são expandidas em termos de ondas planas com um corte de K_{MAX}==8/R_{MT}. O AlN tem uma estrutura de zinco blenda com grupo espacial F43m em que o átomo de Al está localizado em (0, 0, 0) e o átomo de N em (0.25, 0.25, 0.25). Quando o TM é dopado com uma concentração x=0,25, os cálculos são efectuados com uma supercélula de oito átomos, construída tomando a célula unitária padrão lxlxl da estrutura com simetria cúbica pertencente ao grupo espacial P43m. Na supercélula de oito átomos, substituímos um átomo de Al em (0, 0, 0) por TM e mantemos os outros três átomos de Al e quatro átomos de N. Para x=0,5, substituímos dois átomos de Al por TM e mantemos os outros dois átomos de Al. Para x=0,75, substituímos três átomos de Al por TM e mantemos o átomo de Al. Para x=l substituímos os quatro átomos de Al por TM. A configuração eletrónica do AlN é Al: Ne $3s^23p^1$,N:He $2s^22p^3$,e a configuração eletrónica da TM é V:Ar $4s^2$ $3d^3$,Cr: Ar $4S^1$ $3d^5$,Mn : Ar $4s^2$ $3d^5$,e Fe : Ar $4s^2$ $3d^6$. Para a configuração eletrónica dos iões TM utilizamos V^{3+}: Ar $3d^2$(com 2 electrões no estado eg), Cr^{+3}: Ar $3d^3$(com 2 electrões no estado eg e 1 eletrão no estado t2g), Mn^{+3}: Ar $3d^{(4)($}com 2electrões no estado eg e 2electrões no estado t2g) e Fe^{+3}: Ar $3d^5$(com 2 electrões no estado eg e 3 electrões no estado t2g).

4-3-2 Propriedades estruturais

Um problema essencial é a forma como as propriedades electrónicas e magnéticas das ligas semicondutoras evoluem em função da composição x. É sabido que os parâmetros físicos das ligas semicondutoras variam com a sua composição. A variação do parâmetro de rede segue a lei de Vegard. Os valores da constante de rede 'a', do módulo de massa B e da derivada de pressão de primeira ordem do módulo de massa B' são determinados pelo ajuste da energia total em função do volume, utilizando a equação de estado de Murnaghan a pressão zero (99). Para estudar as propriedades estruturais, electrónicas e magnéticas das propriedades ternárias das ligas ternárias $Al_{1-x}TM_xN$ nas composições x = 0, 0.25, 0.50, 0.75 e 1, começamos por calcular as propriedades estruturais do composto binário AlN.

Quadro 12 : Constantes de equilíbrio calculadas a (°A), módulos de massa B (GPa), B0(GPa)

Composto	x	a (°A)	B (GPa)	B0 (GPa)
Ab-xCrxN	0	4,407	213.0431	4.0847
	0,25	4,3818	209.9435	4.1457
	0,5	4,3462	209.6462	4.2933
	0,75	4,3278	728.2920	23.1393
	1	4,3112	332.7275	7.9803
Ali-xFexN	0.00	4.407	213.0431	4.0847
	0.25	4.3775	211.5428	4.6082
	0.50	4.2822	268.6220	9.2162
	0.75	4.2349	1631.4306	46.5793
	1	4.1955	436.4316	7.8518
$Al_{1-x}Mn_xN$	0.00	4.407	213.0431	4.0847
	0.25	4.3725	206.68	4.2732
	0.50	4.3453	167.7080	4.10486
	0.75	4.2330	168.2487	65.2864
	1	4.2118	1290.4286	34.2606
Ali-xVxN	0	4,407	213.0431	4.0847

	0,25	4,3885	207.4271	4.4870
	0,5	4,3826	212.6800	4.9667
	0,75	4,3704	283.1655	5.8244
	1	4,2118	221.7884	7.3912

O parâmetro de rede "a" em função da concentração x para diferentes compostos pode ser descrito aproximadamente por

$a = 4{,}40883-0{,}13755x + 0{,}03931x^2$ Para Al Cr N

$a = 4{,}41657-0{,}25847x + 0{,}03223x^2$ Para Al, Fe N

$a = 4{,}41154-0{,}1451x-0{,}06686x^2$ Para Al, Mn N

$a = 4{,}39283+0{,}16403x-0{,}32743x^2$ Para Al VN

Nestes sistemas, os desvios da lei de Vegard são geralmente fracos. Estudos teóricos recentes de C. Caetano et al (111) indicaram que a lei de Vegard não é válida para nitretos III-V dopados com Mn ou Cr, tais como AlMnN, AlCrN e GaMnN, respetivamente.

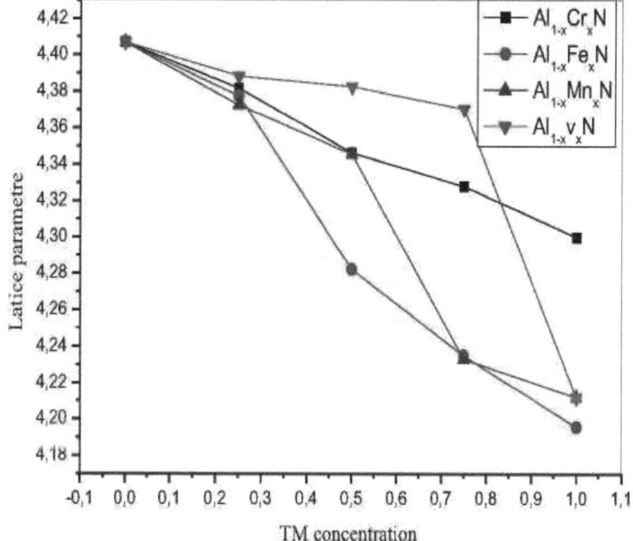

Figura 22 : Constante de rede calculada em função da composição TM

4-3-3 Propriedades electrónicas

Nesta secção, examinamos a estrutura eletrónica dos compostos e discutimos a origem da semi-metalicidade. Uma vez que o átomo de Al é substituído pelo átomo de TM para um local de catião em semicondutores de nitreto, este substituto contribui com três electrões para as ligações pendentes do anião, os restantes electrões d estão localizados no local do átomo de TM dopado e são responsáveis pelo seu estado magnético. O DOS parcial dos átomos de Cr em $Al_{0.75}Cr_{0.25}N$ mostra que as bandas de spin up Cr 3d estão quase ocupadas enquanto as bandas de spin down se encontram acima do E_F, Na Fig. 26, os estados na gama de energia de -8.3 a -3.2 eV aparecem geralmente a partir de estados N 2p com uma pequena contribuição de estados Cr 3d e Al 3s, 3p. A parte dos estados Cr 3d na estrutura de banda na rotação maioritária pode ser dividida em duas partes: em primeiro lugar, a banda proveniente da orbital do estado Cr 3d eg duplamente degenerado, centrada em -1 eV, e em segundo lugar a banda t2g triplamente degenerada, centrada em 0,20-1,1 eV. Os estados Cr 3d de spin minoritário encontram-se na parte inferior da banda de condução e estão centrados a 1,5 eV devido aos estados eg e a 2eV devido aos estados 12g. Os estados t2g hibridizam fortemente com os estados N 2p no caso da banda de spin maioritário.

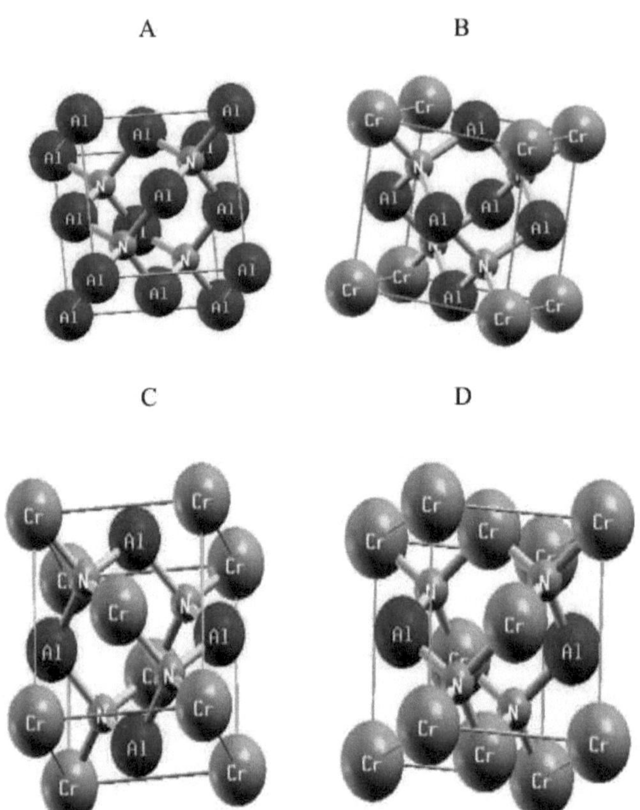

Figura 23: Estruturas de AIN dopadas com Cr: (A) AlN(x=0), (B) Alo.75Cro.25N (C) Alo.5Cro.5N (D) Alo.25Cro.75N

Muitas das caraterísticas importantes da estrutura eletrónica do AlN dopado com o sistema TM podem ser observadas a partir do DOS total por supercélula unitária e do DOS parcial do átomo de impureza TM, diferentes composições x=o.25, o.5, e o.75 são apresentadas nas Figs 26 para $Al_{1-x}Cr_xN$,fig 29 para $Al_{1-x}Fe_xN$,fig 32 para $Al_{1-x}Mn_xN$ e finalmente fig 35 para $Al_{1-x}V_xN$

Em primeiro lugar, observamos para os compostos $Al_{o.75}TM_{o.25}N$ um carácter semi-metálico no sentido em que a densidade de estados do nível de Fermi é finita para o spin maioritário e nula para o spin minoritário, a densidade de estados do spin maioritário é metálica mas a densidade de estados do spin minoritário é semicondutora. Para x=o.5o e x=o.75todos os compostos ternários perdem o carácter semi-metálico.

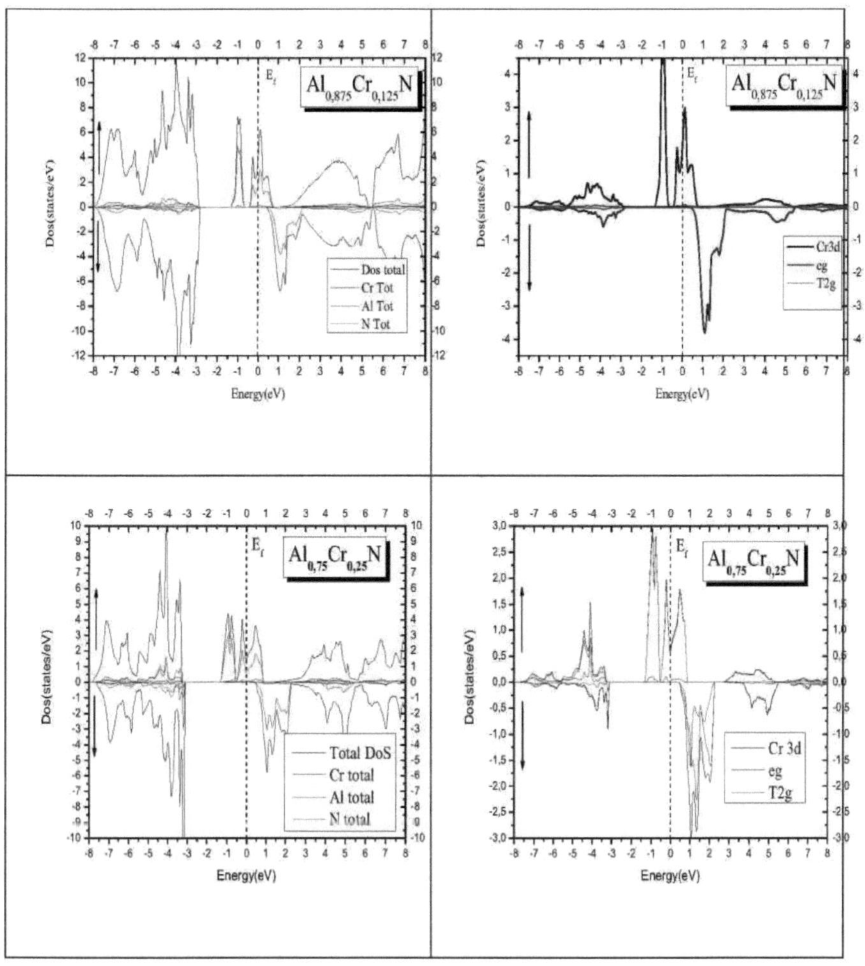

$Al_{0,875}Cr_{0,125}N$
E_f
Dos total
Cr Tot
Al Tot
N Tot
Dos(states/eV)
Energy(eV)
$Al_{0,875}Cr_{0,125}N$
Cr3d
eg
T2g
$Al_{0,75}Cr_{0,25}N$
Total DoS
Cr total
Al total
N total
$Al_{0,75}Cr_{0,25}N$
Cr 3d
eg
T2g

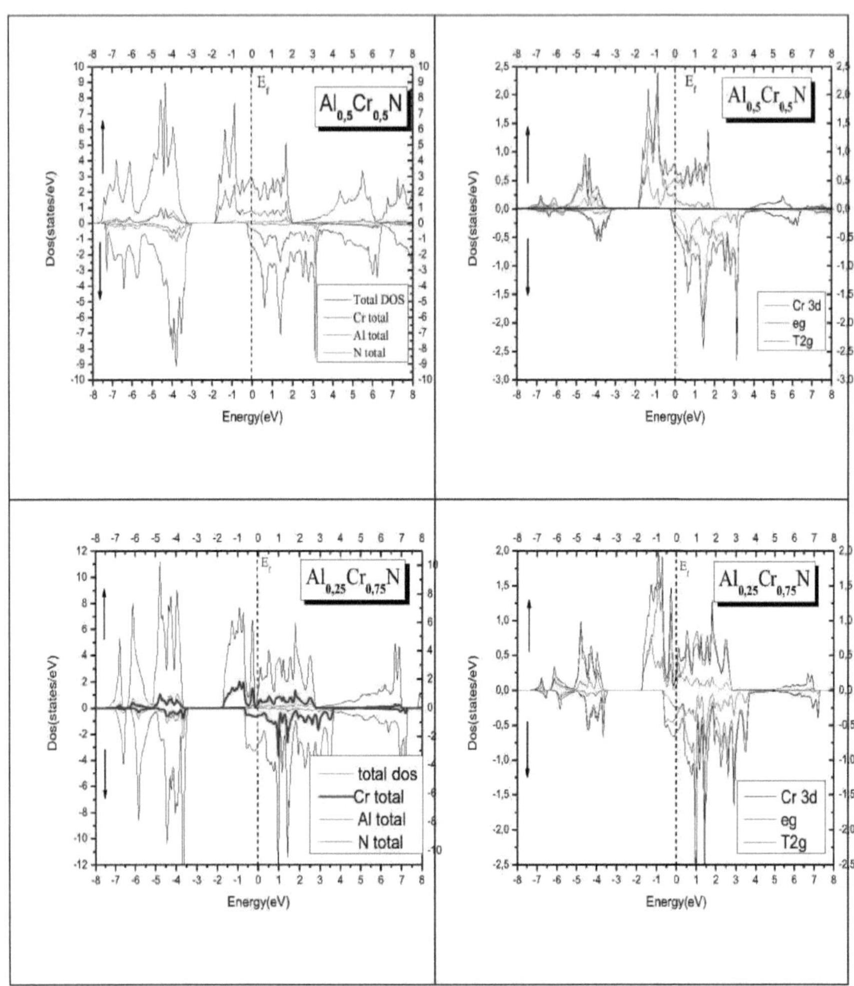

Figura 24 :DOS total e parcial para o spin maioritário e o spin minoritário para Ali_$_x$Cr$_x$N

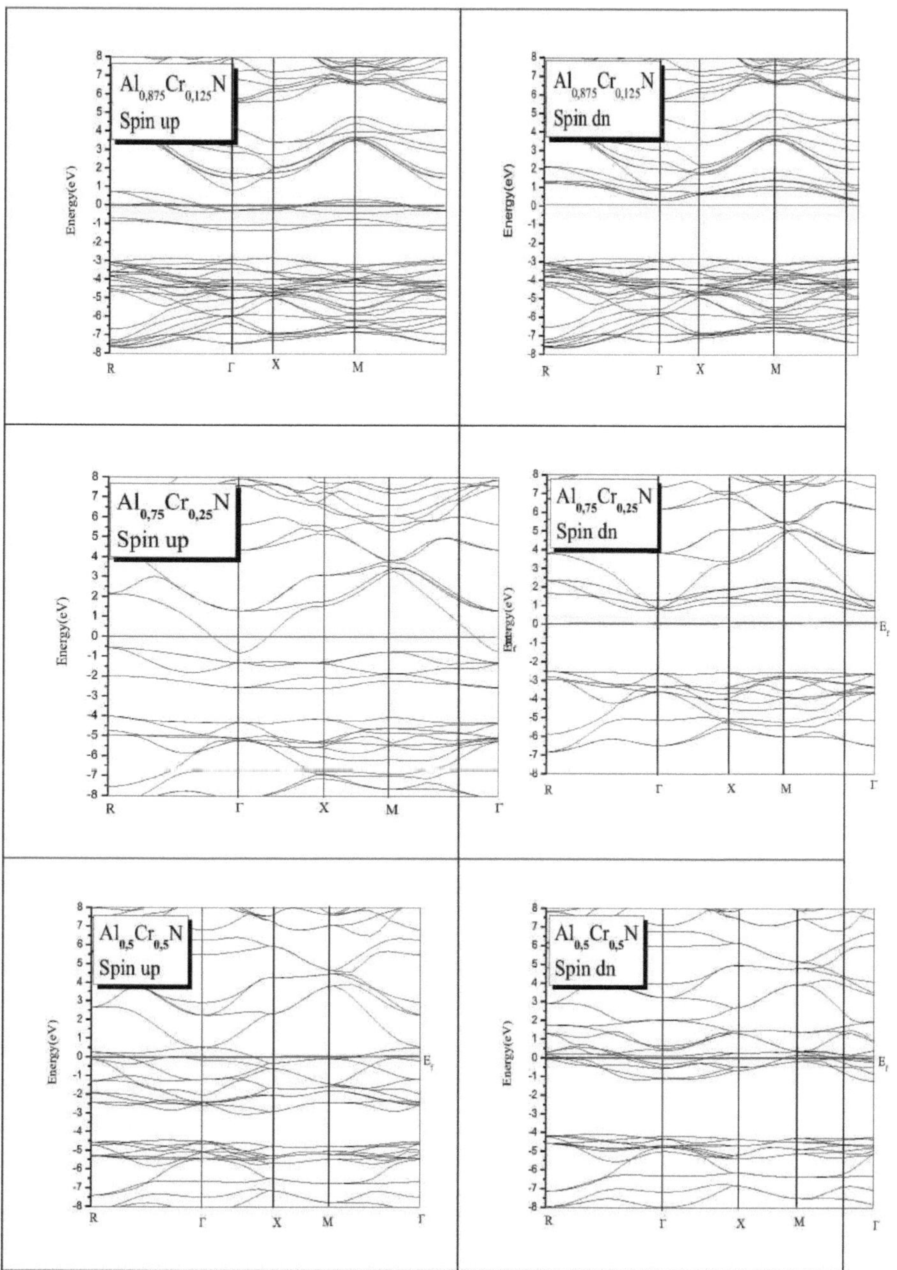

Al0,875Cr0,125N
Spin up
Al0,875Cr0,125N
Spin dn
Al0,75Cr0,25N
Spin up
Al0,75Cr0,25N
Spin dn
Al0,5Cr0,5N
Spin up
Al0,5Cr0,5N
Spin dn
Energy(eV)
R
Γ
X
M
E_f

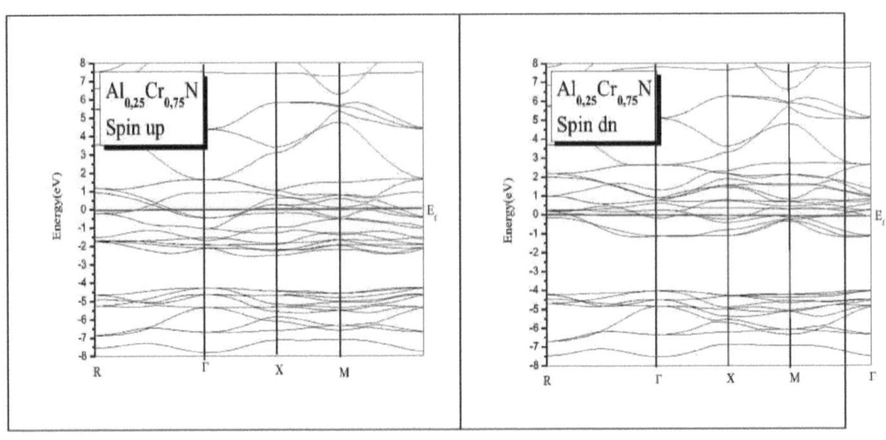

Figura 25: Estruturas de banda polarizadas por spin para spin maioritário (up) e spin minoritário (dn) para All-xCrxN

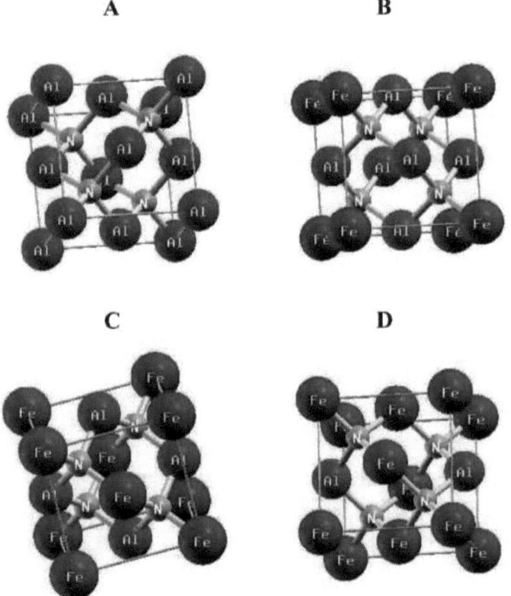

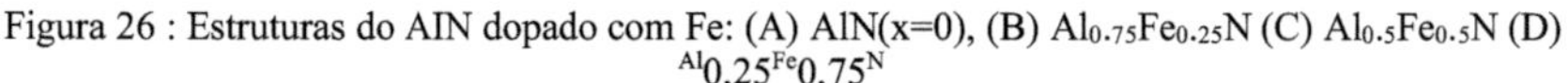

Figura 26 : Estruturas do AlN dopado com Fe: (A) AlN(x=0), (B) $Al_{0.75}Fe_{0.25}N$ (C) $Al_{0.5}Fe_{0.5}N$ (D) $Al_{0,25}Fe_{0,75}N$

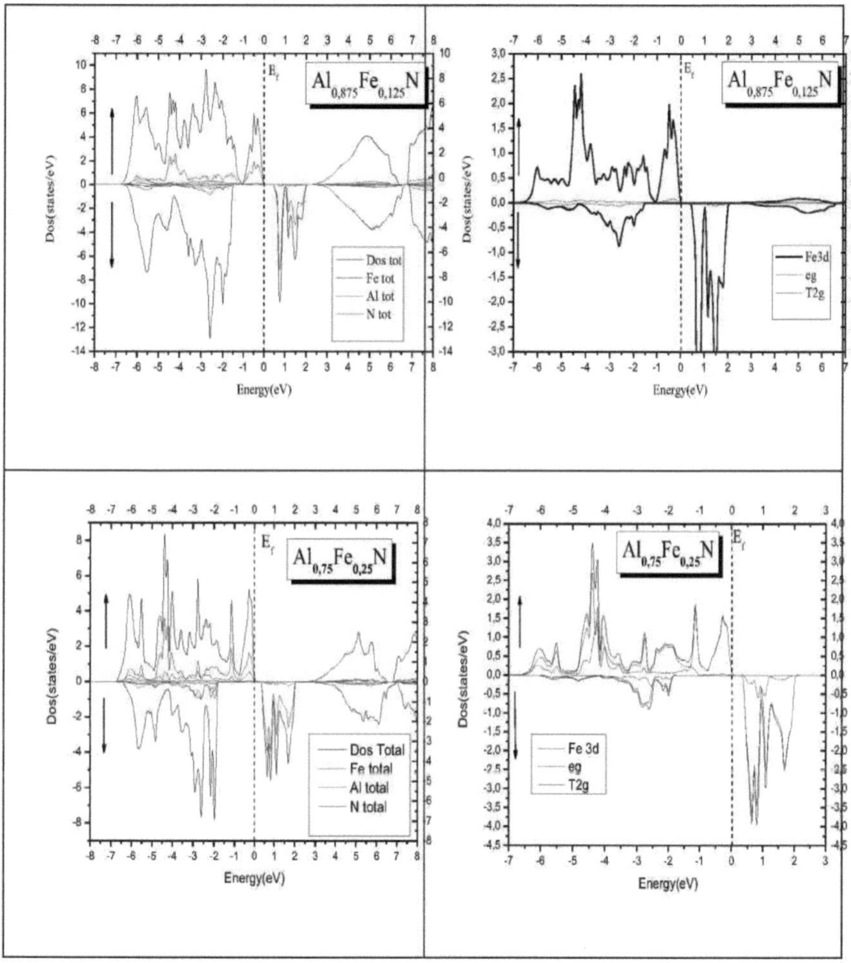

Figura 27 : DOS total e parcial para o spin maioritário e o spin minoritário para $Ali_{\_x}Fe_xN$

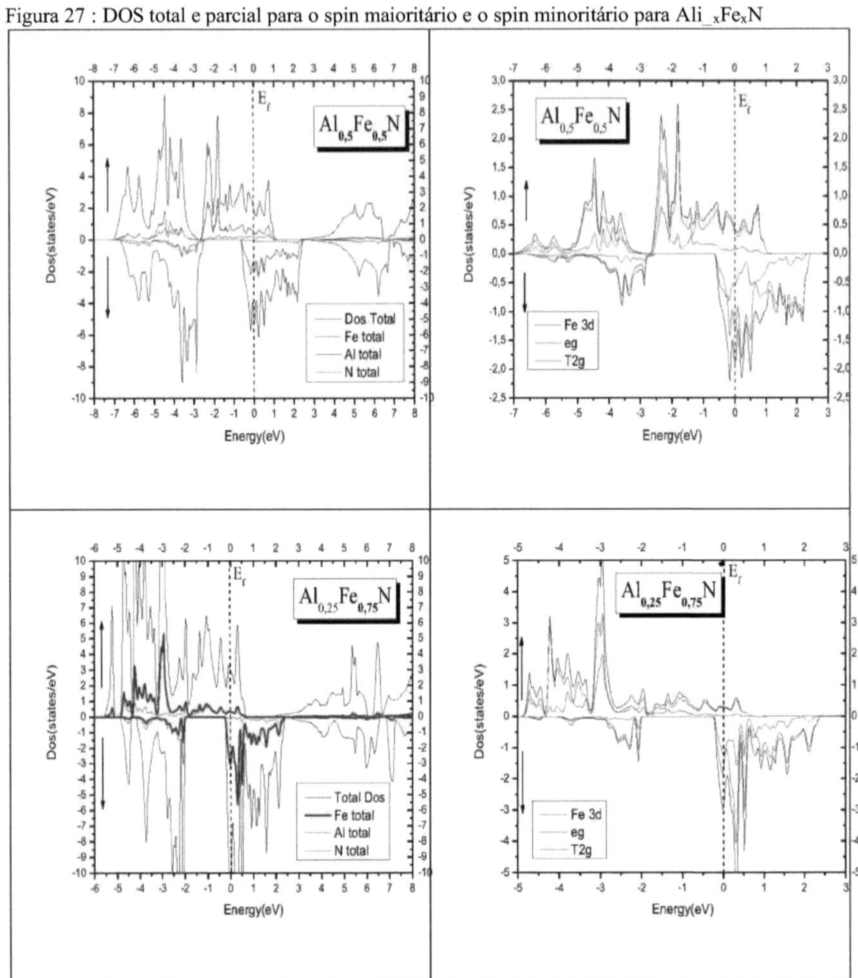

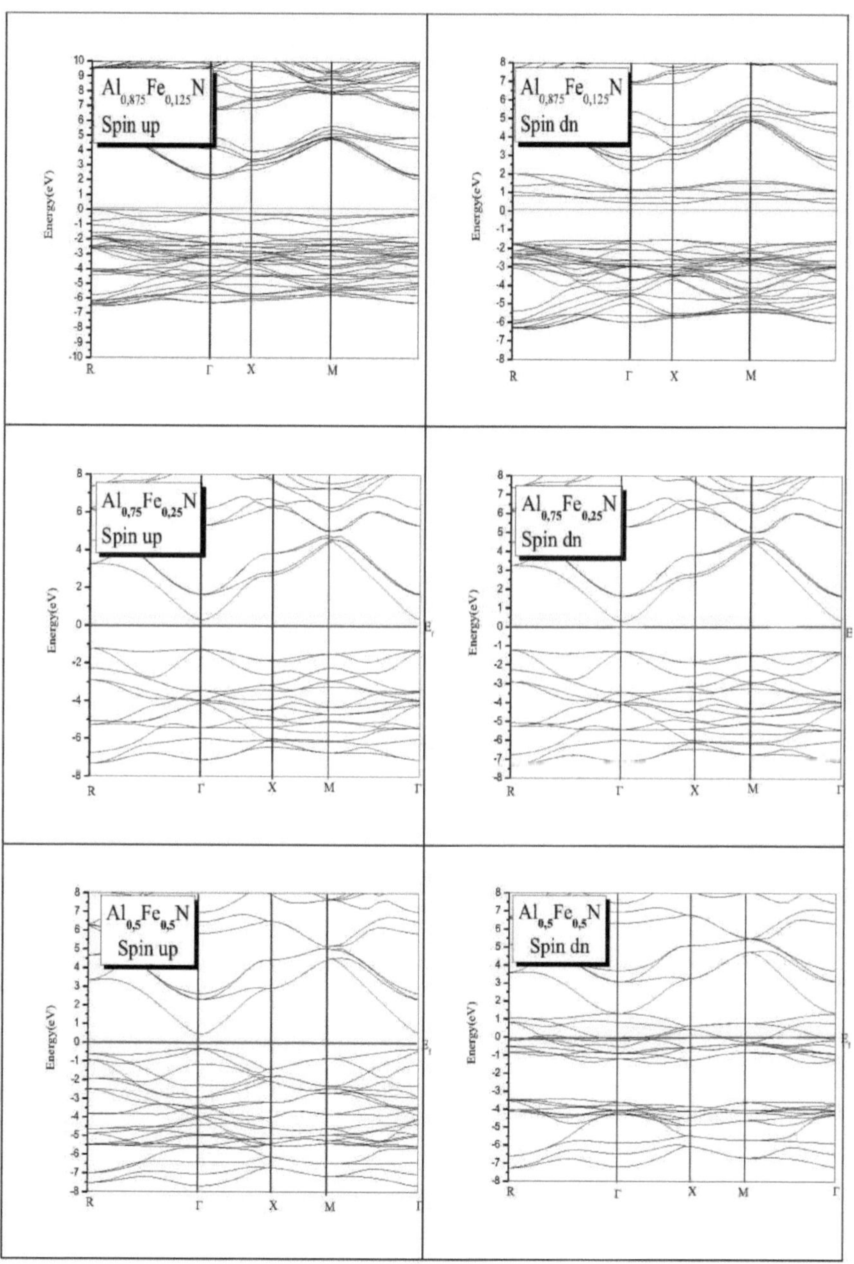

Al0,875Fe0,125N
Spin up
Al0,875Fe0,125N
Spin dn
Al0,75Fe0,25N
Spin up
Al0,75Fe0,25N
Spin dn
Al0,5Fe0,5N
Spin up
Al0,5Fe0,5N
Spin dn
Energy(eV)
R
Γ
X
M

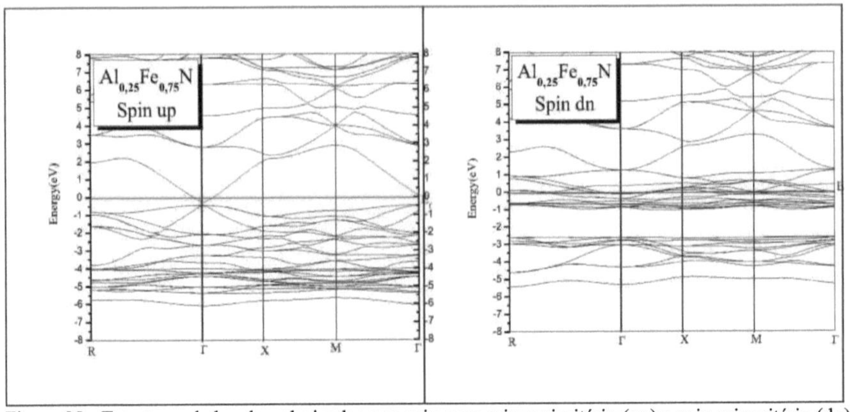

Figura 28 : Estruturas de banda polarizadas por spin para spin maioritário (up) e spin minoritário (dn) para

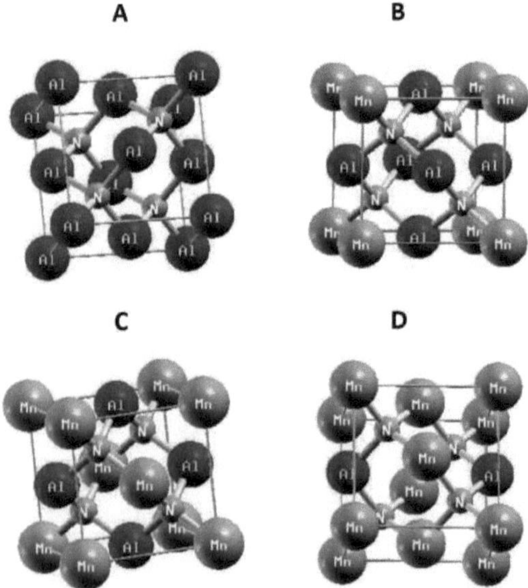

Figura 29: Estruturas de AlN dopado com Mn: (A) AlN(x=0), (B) Al_{0}.7?-Mn_{0}.2?-N (C) Alo.5Mno.5N (D) $^{Al}0.25^{Mn}0.75^{N}$

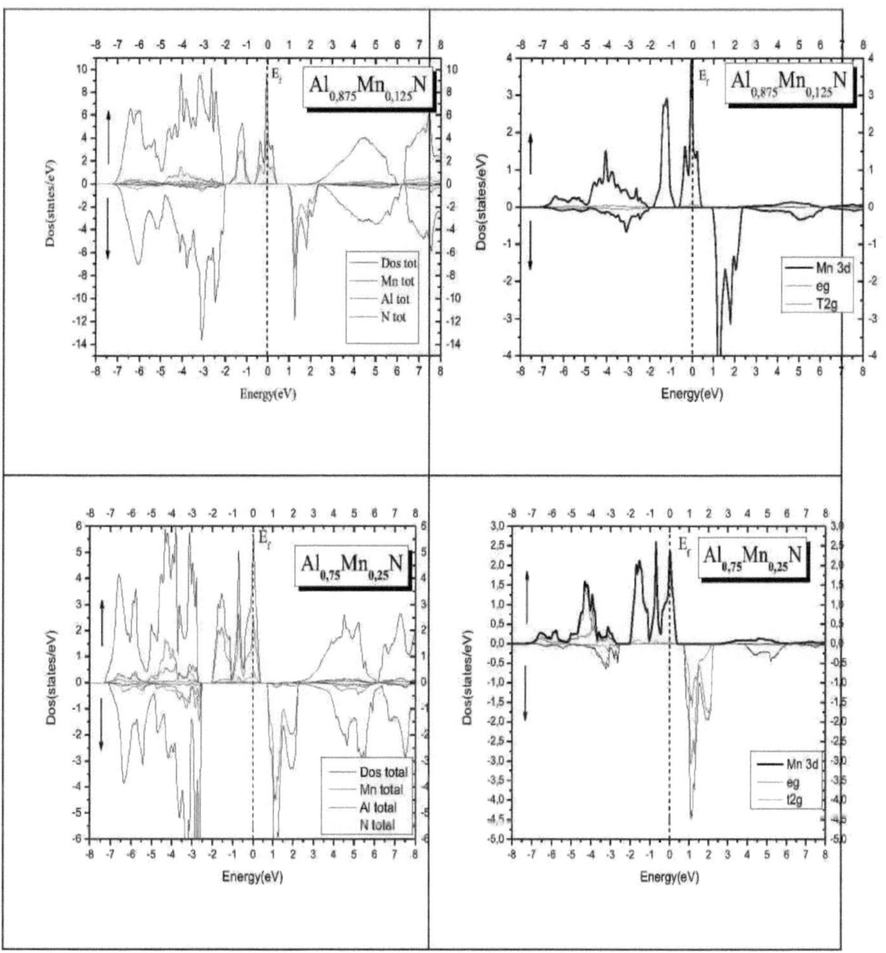

$Al_{0,875}Mn_{0,125}N$
Dos tot
Mn tot
Al tot
N tot
Dos(states/eV)
Energy(eV)
E_f
Mn 3d
eg
T2g
$Al_{0,75}Mn_{0,25}N$
Dos total
Mn total
Al total
N total
t2g

Figura 30: DOS total e parcial para o spin maioritário e o spin minoritário para Al^M^N

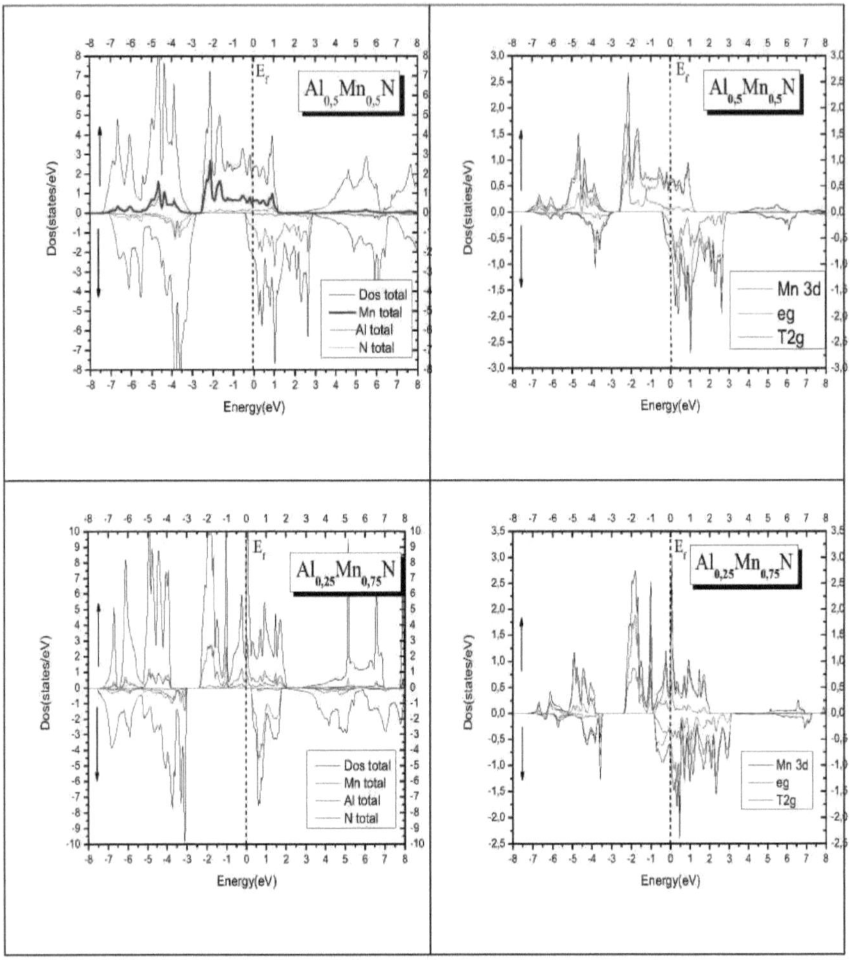

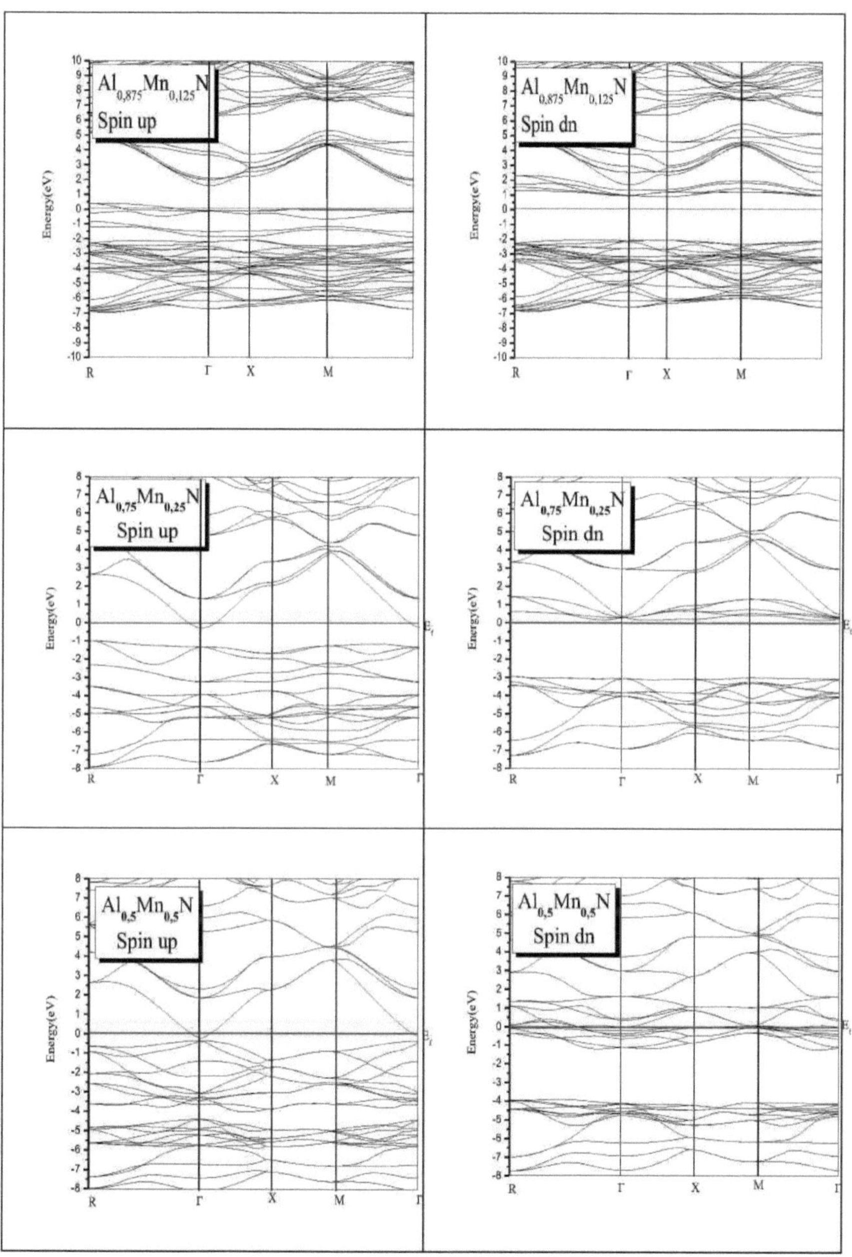

$Al_{0,875}Mn_{0,125}N$
Spin up
$Al_{0,875}Mn_{0,125}N$
Spin dn
$Al_{0,75}Mn_{0,25}N$
Spin up
$Al_{0,75}Mn_{0,25}N$
Spin dn
$Al_{0,5}Mn_{0,5}N$
Spin up
$Al_{0,5}Mn_{0,5}N$
Spin dn
Energy(eV)
R
Γ
X
M
E_f

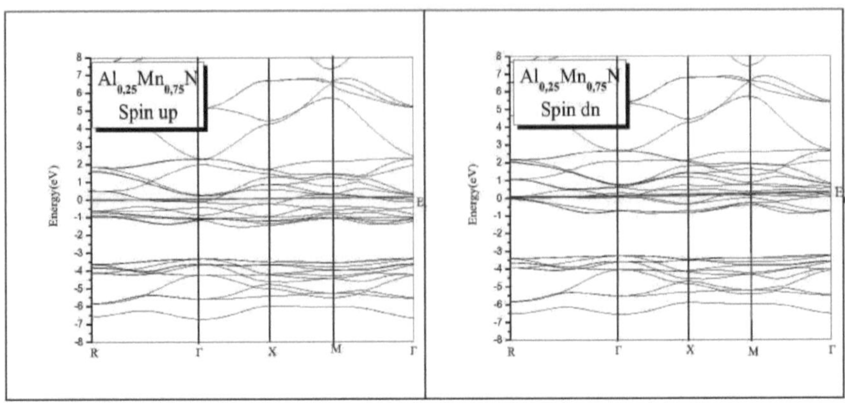

Figura 31 : Estruturas de banda polarizadas por spin para spin maioritário (up) e spin minoritário (dn) para All- xMnxN

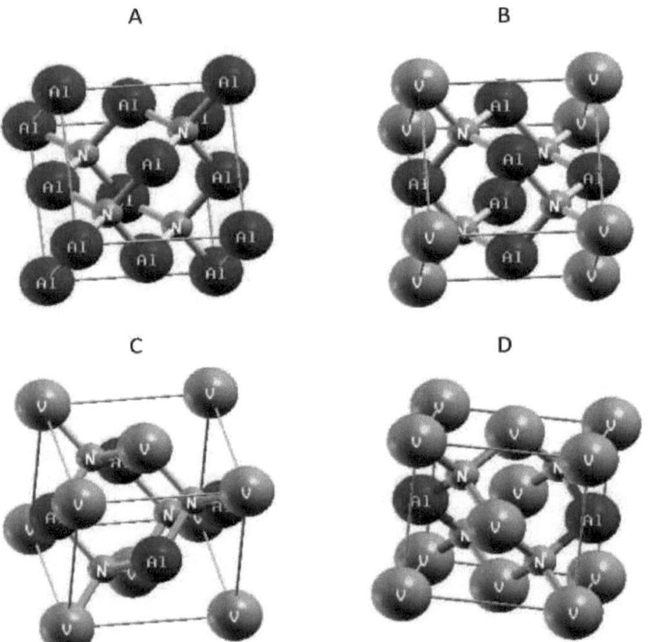

Figura 32: Estruturas de AlN dopado com V: (A) AlN(x=0), (B) Alo.75Vo.25N (C) Alo.5Vo.5N (D) Alo.25Vo.75N

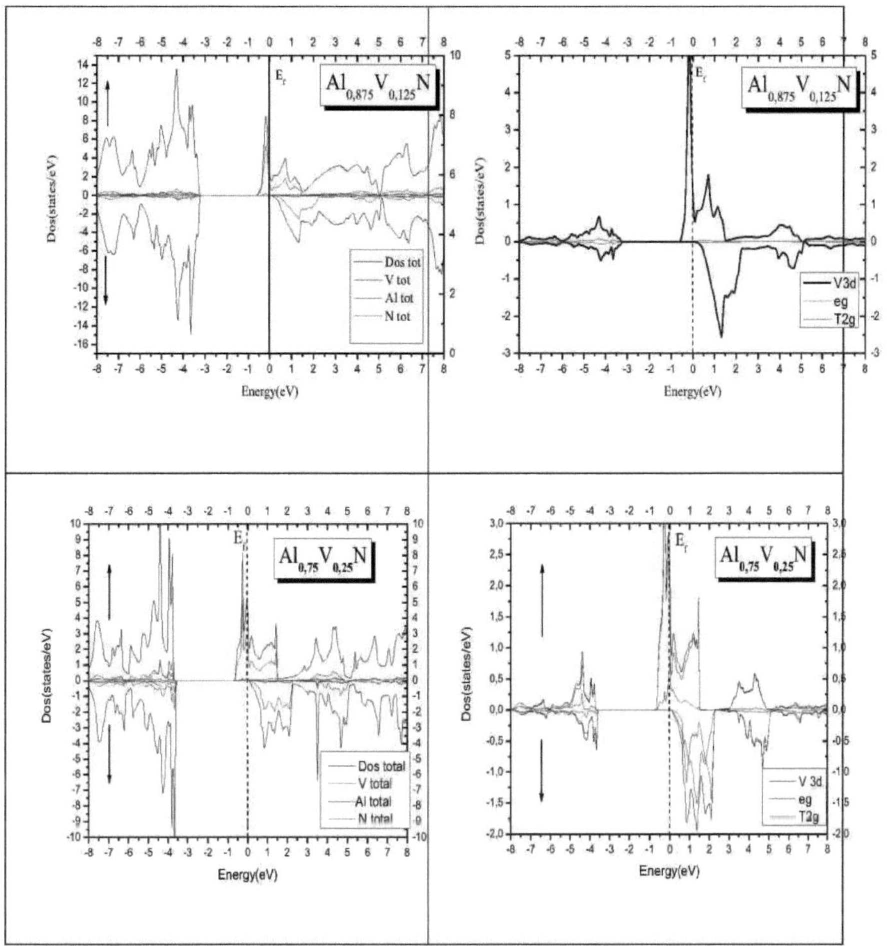

Al0,875V0,125N
E_f
Dos(states/eV)
Energy(eV)
Dos tot
V tot
Al tot
N tot
Al0,875V0,125N
E_f
V3d
eg
T2g
Al0,75V0,25N
E_f
Dos total
V total
Al total
N total
Al0,75V0,25N
E_f
V 3d
eg
T2g

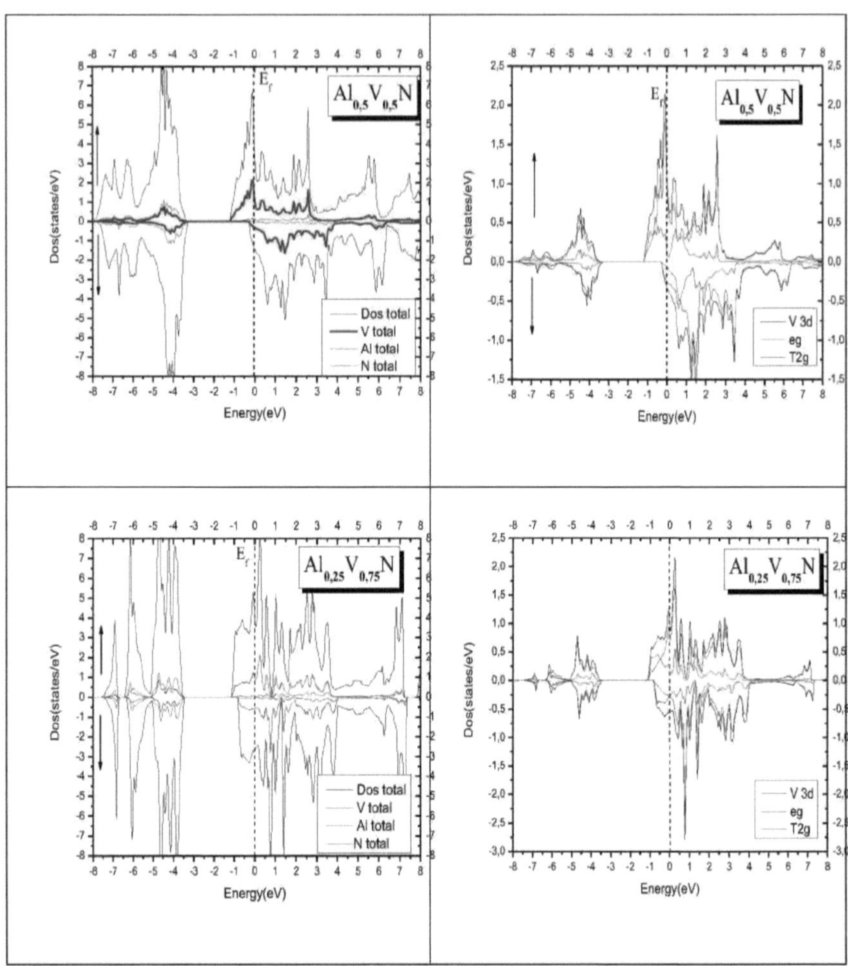

Figura 33: DOS total e parcial para o spin maioritário e o spin minoritário para $Al_{1-x}V_xN$

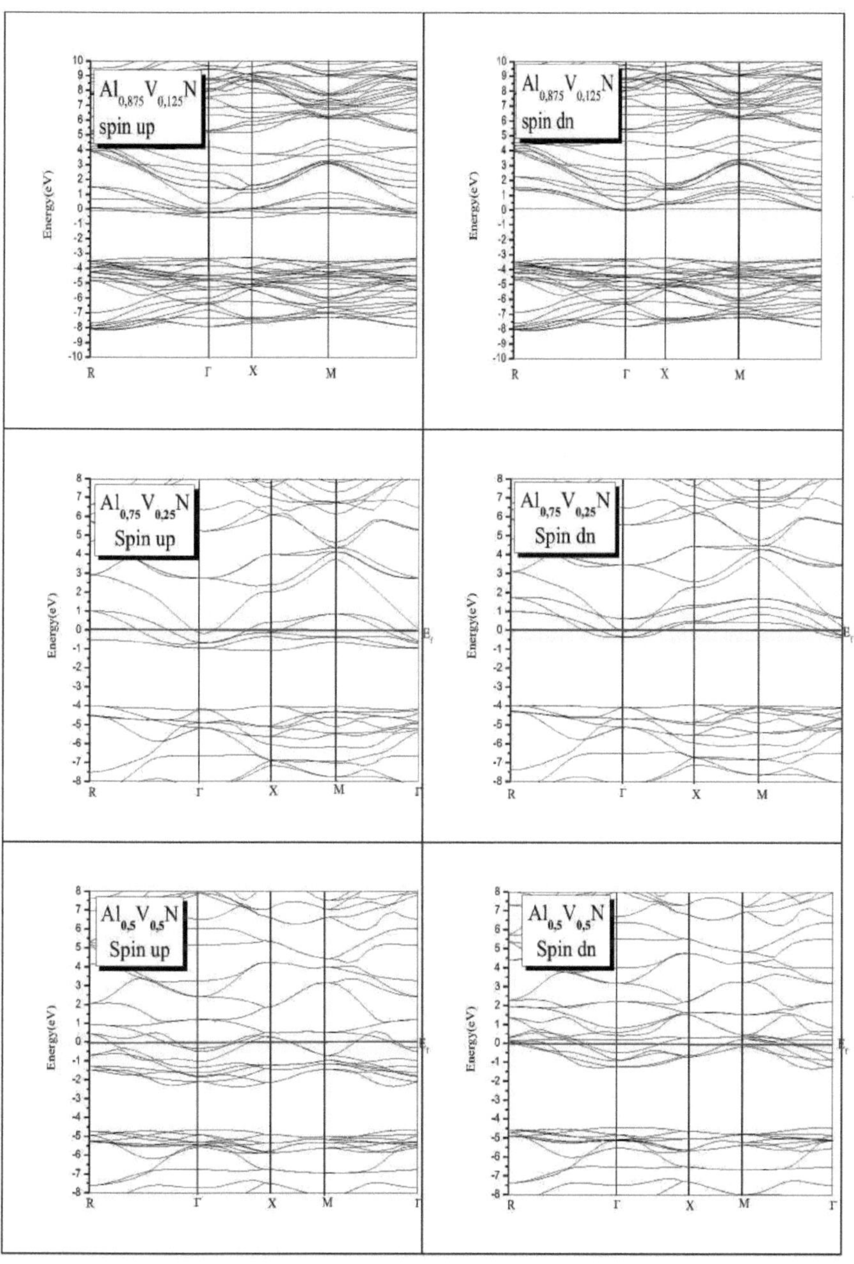

$Al_{0,875}V_{0,125}N$
spin up
Energy(eV)
R
Γ
X
M
$Al_{0,875}V_{0,125}N$
spin dn
Energy(eV)
R
Γ
X
M
$Al_{0,75}V_{0,25}N$
Spin up
Energy(eV)
E_f
R
Γ
X
M
Γ
$Al_{0,75}V_{0,25}N$
Spin dn
Energy(eV)
E_f
R
Γ
X
M
$Al_{0,5}V_{0,5}N$
Spin up
Energy(eV)
E_f
R
Γ
X
M
Γ
$Al_{0,5}V_{0,5}N$
Spin dn
Energy(eV)
E_f
R
Γ
X
M
Γ

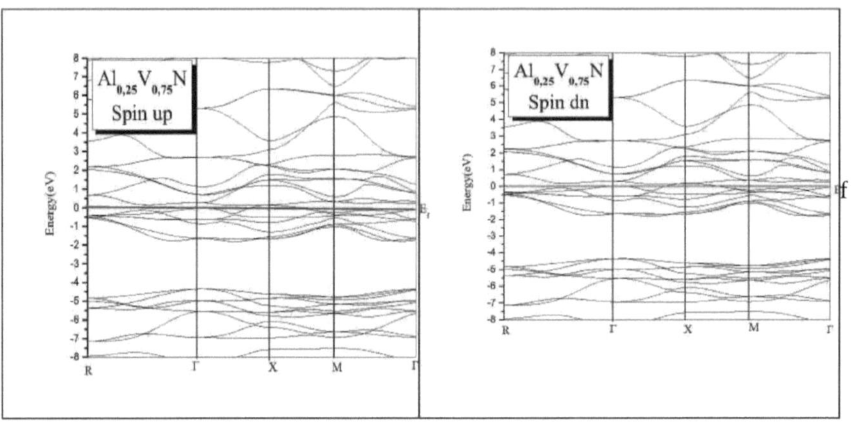

Figura 34: Estruturas de banda polarizadas por spin para spin maioritário (up) e spin minoritário (dn) para All-xVxN

4-3-4 **Propriedades magnéticas**

O momento magnético total da célula unitária, para as ligas $Al_{1-x}TM_xN$, (TM =Cr, Mn, Fe,V) para x=0.25,x=0.50,x=0.75 é decomposto nas contribuições das esferas atómicas de Al, TM,N e da região intersticial para cada momento angular. Na Tabela 13 apresentamos o resultado dos cálculos efectuados com o método teórico que adoptámos. Os nossos resultados mostram que a principal contribuição dos momentos magnéticos está fortemente localizada no sítio TM; a contribuição adicional para o momento magnético total parece vir dos átomos de Al e N e da região intersticial.

Quadro 13 : Momento magnético total e local em $Al_{1-x}TM_xN$(TM=Cr, Mn, Fe, V)

Composto	x	M^{tot} (g_B/célula)	M^{TM}	m^{Al}	m^N	M intersticial
$Al_{1-x}Cr_xN$	0	-	-	-	-	-
	0.25	2.99178	2.38664 2.2061 (112)	0.01516 0.0235	-0.02396 0.0135	0.65776 0.9781
	0.50	5.88886	2.37569 2.3761	0.02575 0.0405	-0.0370 0.0335	1.23270 0.9833
	0.75	6.18118	1.84204	0.02210	-0.08402	0.96716
	1.00	-	-	-	-	-
$Al_{1-x}Fe_xN$	0.25	5.00081	3.55567	0.01716	0.16702	0.72558
	0.50	7.38174	2.96827	0.03000	0.12234	0.89175
	0.75	12.5609	3.51182	0.04529	0.22643	1.07796
	1	-	-	-	-	-
$Al_{1-x}Mn_xN$	0.25	4.00075 4.00(110)	3.23825 3.206 (110)	0.01548 0.023 (110)	0.00927 0.026 (110)	0.67961 0.627 (110)
	0.50	8.00095 7.28 (110)	3.30432 3.017(110)	0.03063 0.038(110)	0.01075 0.032 (110)	1.28528 1.044(110)
	0.75	2.37818	0.93613 2.012(110)	0.01168 0.028 (110)	-0.04492 -0.066 (110)	0.13175 0.530(110)
	1	-	-	-	-	-
Ali-xVxN	0.25	2.00060	1.45065	0.01442	-0.00906	0.54290
	0.50	4.00062	1.48793	0.01963	-0.04447	1.16313
	0.75	0.14212	0.04999	0.00065	-0.00081	0.02964

	1	-	-	-	-	-

Mecanismos utilizados para explicar as propriedades magnéticas

Os compostos III-N (por exemplo, AlN) são ligados por metais de transição ((por exemplo) Mn) para formar compostos semicondutores magnéticos; estes metais de transição têm órbitas internas incompletas de electrões. Quando perdem as suas órbitas electrónicas mais exteriores os restantes electrões da casca d têm spins que apontam para na mesma direção, de modo a minimizar a sua energia, e estes metais actuam como iões magnéticos.

Zener descreve o ferromagnetismo com base na interação entre as camadas d nos metais de transição. De acordo com a regra de Hund, o menor A energia máxima para a casca d ocorre quando todos os níveis de energia estão ocupados individualmente com os spins dos electrões a apontar na mesma direção. Uma vez que cada eletrão com um spin não compensado tem um momento magnético de um magnetão de Bohr, o átomo terá um momento magnético finito associado.

O Mn, como exemplo neste trabalho, tem 7 electrões de valência e substitui um átomo de Al, 3 dos 7 electrões podem substituir os 3 electrões de Al na banda de valência. Os restantes 4 electrões têm de ser colocados em novos estados d localizados no intervalo da banda. A orientação de spin dos electrões nas camadas 3d é Mn 3+ f f f f com momento magnético total 4pB.

Por conseguinte, a estrutura eletrónica das impurezas de metais de transição em semicondutores é dominada por estados d no intervalo; apenas a maioria estão ocupados. Os níveis de impureza são indicados esquematicamente em Figura 2.3 É necessário distinguir dois níveis de impureza diferentes: A dois dobra o estado e degenerado (dz2, dx2-y2), cujas funções de onda para hibridizam muito pouco com os estados p da banda de valência, e um estado t degenerado com três dobras (dxy, dyz,dzx) que hibridiza fortemente com os estados p.

Na configuração neutra, apenas os dois estados e e dois dos três estados t da banda maioritária estão ocupados, enquanto a banda minoritária g^{a}P estão vazios. O nível de Fermi cai na banda de impureza t maioritária, tal que, por cada átomo de Mn, estão ocupados exatamente dois estados e e dois estados t, deixando um estado t maioritário e todos os estados d minoritários vazios. Por conseguinte, o sistema considerado é um meio-metálico ferromagnético, com um momento de 4pB por átomo de Mn.

4-4 TM (TM=V, Cr, Mn, Fe) dopado com InN

4-4-1 Método de cálculo:

Os cálculos foram efectuados utilizando o método escalar relativista FP-LAPW no âmbito da teoria do funcional da densidade (DFT) implementada no código WIEN2K para estudar as estruturas magnéticas locais em torno de impurezas TM (V, Cr, Mn, Fe) substitucionais dopadas em sítios catiónicos em estruturas ZB de InN. (113). Para o potencial de troca e correlação, usamos a aproximação da densidade local (LDA). Utiliza-se uma malha de 64 pontos k especiais em toda a zona de Brillouin e um parâmetro $R_{MT}K_{max}$= 8, em que K_{max} é o corte da onda plana e R_{MT} o menor de todos os raios da esfera atómica. As energias totais calculadas foram ajustadas à equação de estado de Murnaghan (114) para obter a relação energia-volume e, portanto, o módulo de massa. Os valores de R_{mt} para o InN são assumidos como sendo 2,10 e 1,65 a.u. para o In e o N, respetivamente. A configuração eletrónica do InN é In: Kr $4d^{10}5s^{2}5p^{1}$, N:He$2s^{2}2p^{3}$, e a configuração eletrónica do TM é V:Ar $4s^{2}$ $3d^{3}$,Cr: Ar $4s^{1}$ $3d^{5}$, Mn : Ar $4s^{2}$ $3d^{5}$ e Fe : Ar $4s^{2}$ $3d^{6}$. Para a configuração eletrónica dos iõesTM utilizamos: V^{3+}: Ar $3d^{2}$(com 2 electrões no estado eg), Cr^{+3}: Ar $3d^{(3)}$(com 2 electrões no estado eg e 1 eletrão no estado t2g), Mn^{+3}: Ar $3d^{(4)}$(com 2 electrões no estado eg e 2 electrões no estado t2g) e Fe^{+3}:Ar $3d^{5}$(com 2 electrões no estado eg e 3 electrões no estado t2g).

4-4-2 Propriedades estruturais

Antes de calcular a estrutura eletrónica e as propriedades magnéticas, procedeu-se à otimização do volume do $In_{1\_x}TM_{x}N$(TM= Cr, V, Mn, Fe). Os valores da constante de rede "a", do módulo de massa B, foram determinados pelo ajustamento da energia total em função do volume, utilizando a equação de estado de Murnaghan (114). A constante de rede a, o módulo de massa B e a derivada de pressão de primeira ordem do módulo de massa B', para diferentes concentrações de TM em GaN, são apresentados na Tabela 14.

Quadro 14 Constantes de rede calculadas "a", módulo de massa B e derivada de pressão de primeira ordem do módulo de massa, B0, para diferentes concentrações de TM

Composto	x	a (°A)	B (GPa)	B0 (GPa)
Inx-xCtxN	0.00	4.9438	146.4532	4.8700

	0.25	4.8441	160.8867	5.3627
	0.50	4.71	171.52	4.6286
	0.75	4.62	281.78	8.400
	1	4.3309	332.7275	7.9803
	0.00	4.9438	146.4532	4.8700
	0.25	4.8460	160.5806	5.3554
Inx-xFexN	0.50	4.7078	148.5549	4.4155
	0.75	4.6953	409.5474	13.9728
	1	4.1955	436.4316	7.8518
	0.00	4.9438	146.4532	4.8700
$In_{1\_x}Mn_xN$	0.25	4.8499	158.1901	5.4632
	0.50	4.7474	176.4365	5.8330
	0.75	4.7150	306.5079	10.4838
	1	4.3118	1290.4286	34.2606
In1-xVxN	0.00	4.9438	146.4532	4.8700
	0.25	4.8496	164.5173	5.2738
	0.50	4.6782	328.7212	5.3670
	0.75	4.3706	190.8131	9.3028
	1	4.4676	221.7884	7.3912

$a = 4,93193-0,19745x-0,38251x^2$ Para $Im\_{}_xCr_xN$.

$a = 4,91024+0,11628x-0,7752x^2$ Para Ini-xFexN.

$a = 4,915+0,0673x-0,62686x^2$ Para $Im._xMn_xN$.

$a = 4,94085-0,1162x-0,8536x^2$ Para $Im._xV_xN$.

É sabido que os parâmetros estruturais variam com a composição em ligas semicondutoras convencionais. A variação do parâmetro de rede segue a lei de Vegard, no entanto, este não é o caso para ligas semicondutoras com uma grande diferença de eletronegatividade e tamanho dos átomos. As propriedades físicas mostram um forte desvio de uma simples variação linear. Nestes sistemas, as diferenças em relação à lei de Vegard são geralmente fracas. C. Caetano et al (111) salientaram que a lei de Vegard não é válida para nitretos III-V dopados com Mn ou Cr, tais como AlMnN, AlCrN e GaMnN, respetivamente.

Figura35 : Constante de rede calculada em função da composição TM

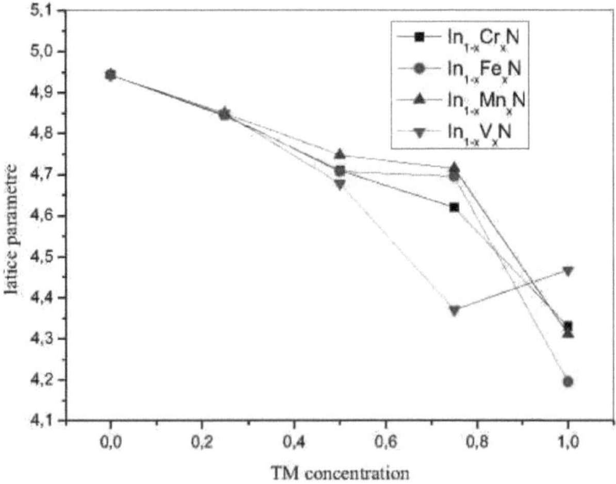

4-4-3 Propriedades electrónicas

Calculámos a estrutura eletrónica de bandas e a densidade de estados para as ligas $In_{1-x}TM_xN$ na fase blenda de zinco correspondente a x = 0, 0,25, 0,50, 0,75 e 1, seguindo a abordagem FP-LAPW em LSDA. Investigamos a estrutura eletrónica dos compostos e examinamos a causa da meia metalicidade; o átomo TM substituído por um sítio catiónico em InN contribui com três electrões para as ligações pendentes do anião.

De acordo com a teoria do campo cristalino, o campo cristalino tetraédrico dos aniões circundantes divide os cinco estados degenerados d de um ião TM livre em estados de simetria t2g (dxy, dyz e dzx) e eg (dz2 e dx2-y2) (115), as energias dos estados eg são inferiores às dos estados t2g devido a menos interações de Coulomb, O estado magnético de um ião TM dopado é o resultado da competição entre a energia de divisão do campo cristalino (a diferença de energia entre os estados t2g e eg) e a energia média de emparelhamento de spin (a energia necessária para emparelhar os electrões no estado) (115), uma caraterística imperativa de um Semicondutor Magnético Diluído é a presença de interações sp-d entre os portadores de banda s; p do semicondutor hospedeiro e os electrões d do ião TM dopado (116).A estrutura do InN dopado com TM em diferentes concentrações é mostrada nas figuras 1, 5, 9 e 13. O carácter mais importante da estrutura eletrónica pode ser visto a partir da densidade total de estados (TDOS) e da densidade parcial de estados (PDOS).Podemos ver na fig. 39 (para o Cr), na fig. 42 (para o Mn) e na fig. 45 (para o V) que os compostos $In_{1-x}TM_xN$ são semi-metálicos, no sentido em que a densidade de estados do nível de Fermi é finita para o spin maioritário e nula para o spin minoritário, a DOS do spin maioritário é metálica, mas a densidade de estados do spin minoritário é semicondutora; no caso do Fe, o composto $In_{0.75}Fe_{0.25}N$ (fig. 6) tem um carácter semi-metálico; este carácter é mais frouxo em concentrações de x=0,50 e x=0,75 (fig. 7,8).

A estrutura de bandas no spin maioritário pode ser dividida em duas partes: em primeiro lugar, a banda proveniente do Cr 3d eg - duplamente degenerada, centrada em -1 eV, e, em segundo lugar, a banda t2g triplamente degenerada, centrada em-0,50 -1,09 eV.

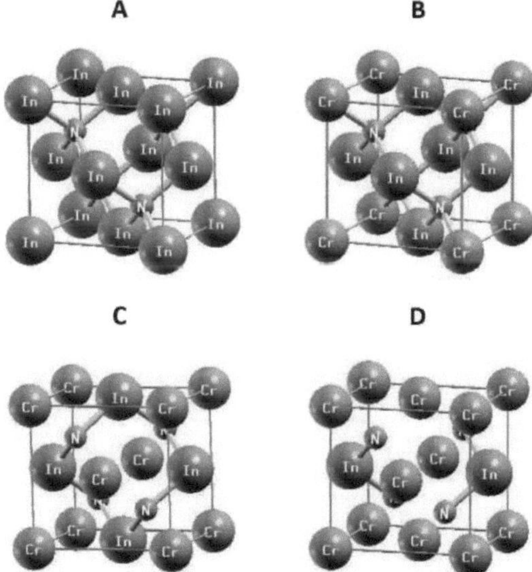

Figura36 : Estruturas do InN dopado com Cr: (A) InN(x=0), (B) In0,75Cr0,25N (C) In0,5Cr0,5N (D) In0,25Cr0,75N

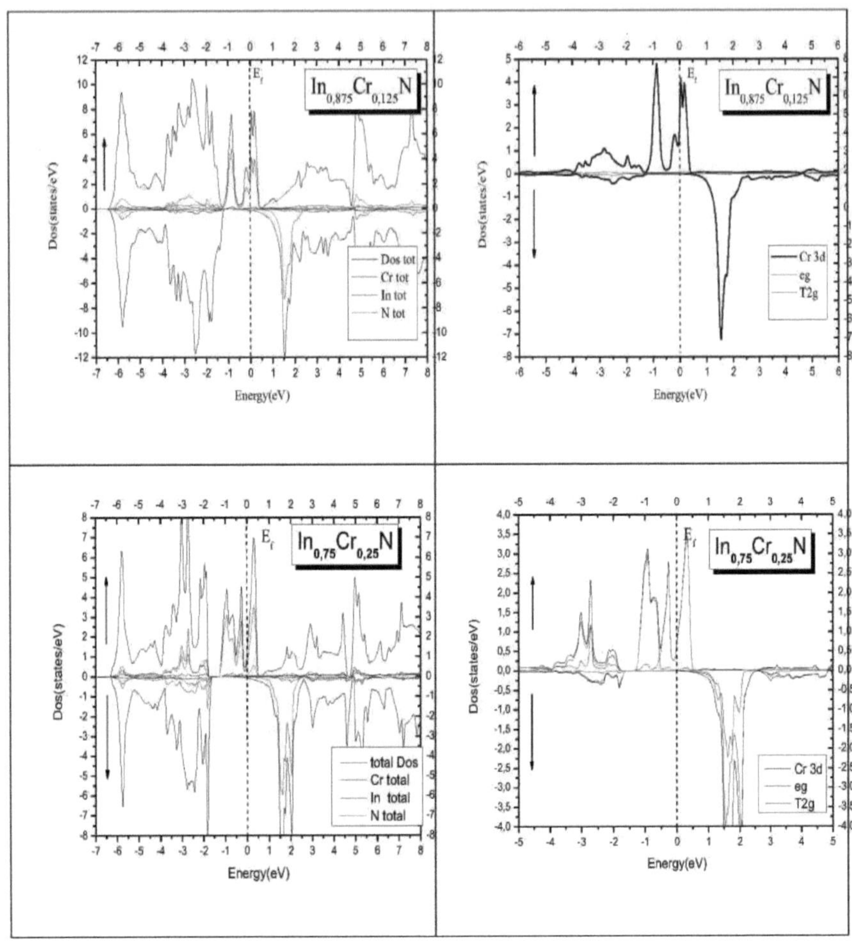

In0,875Cr0,125N
Ef
Dos(states/eV)
Energy(eV)
Dos tot
Cr tot
In tot
N tot
In0,875Cr0,125N
Cr 3d
eg
T2g
In0,75Cr0,25N
total Dos
Cr total
In total
N total
In0,75Cr0,25N
Cr 3d
eg
T2g

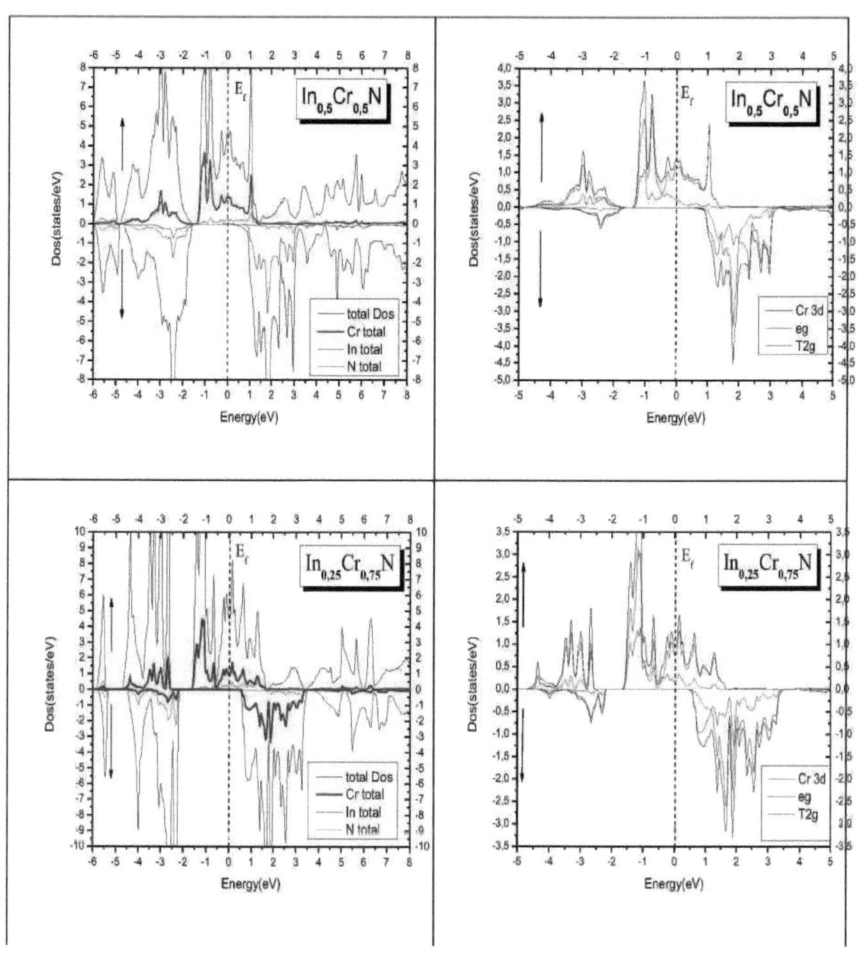

Figura 37 : DOS total e parcial para o spin maioritário e o spin minoritário do In^CrJS

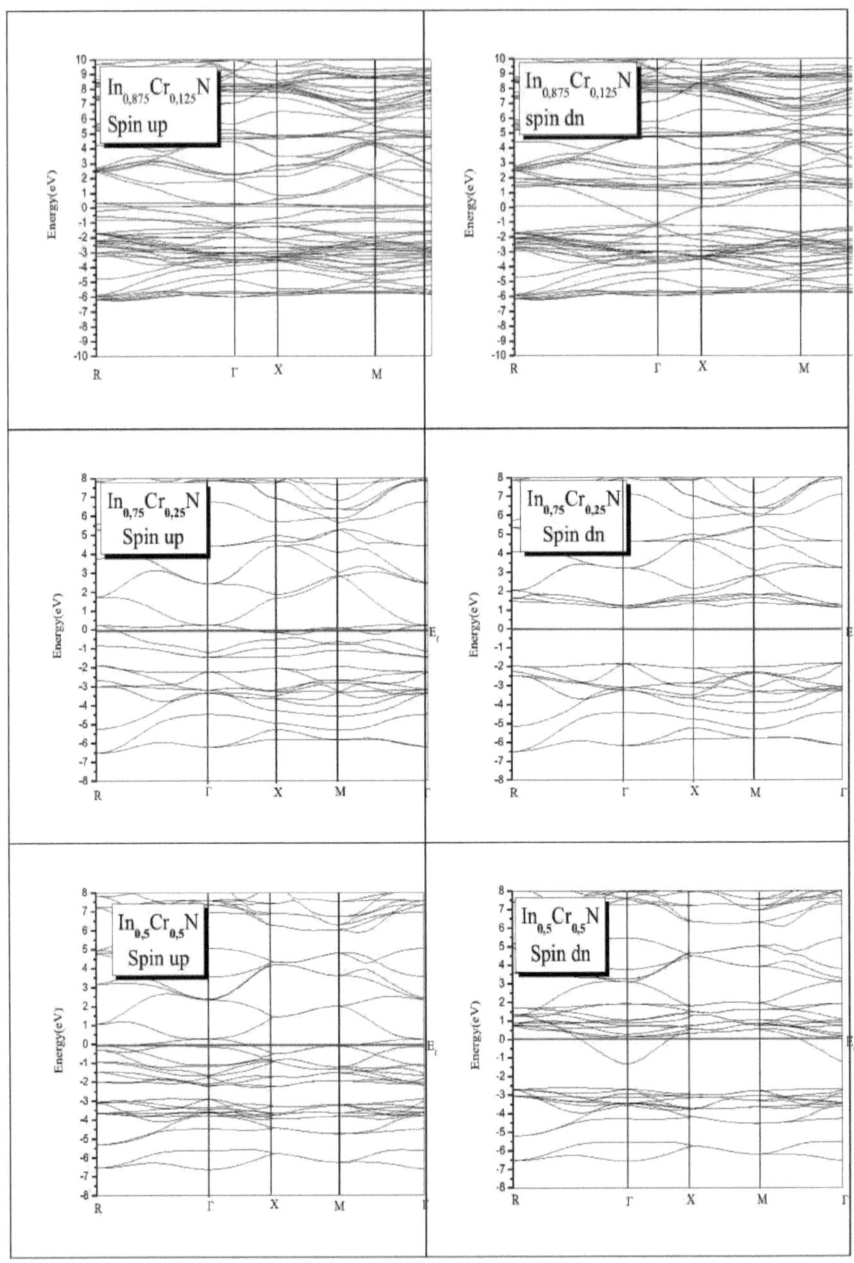

In0,875Cr0,125N
Spin up
In0,875Cr0,125N
spin dn
In0,75Cr0,25N
Spin up
In0,75Cr0,25N
Spin dn
In0,5Cr0,5N
Spin up
In0,5Cr0,5N
Spin dn
Energy(eV)
R
Γ
X
M
Ef

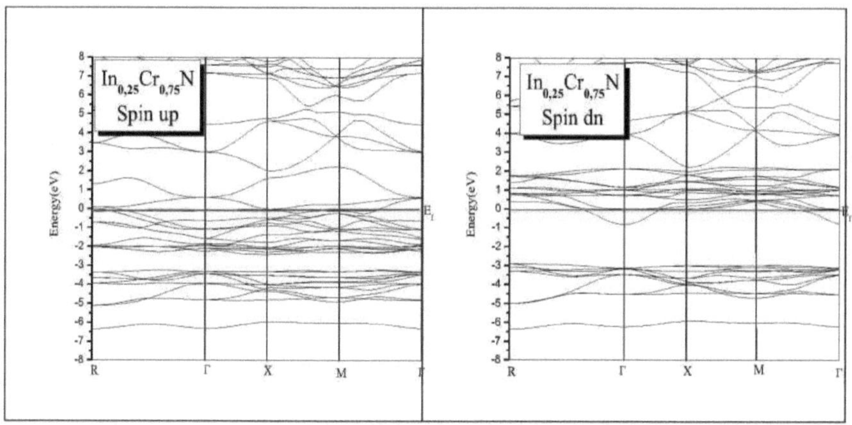

Figura 38 : Estruturas de banda polarizadas por spin para spin maioritário (up) e spin minoritário (dn) paralnl-xCrxN

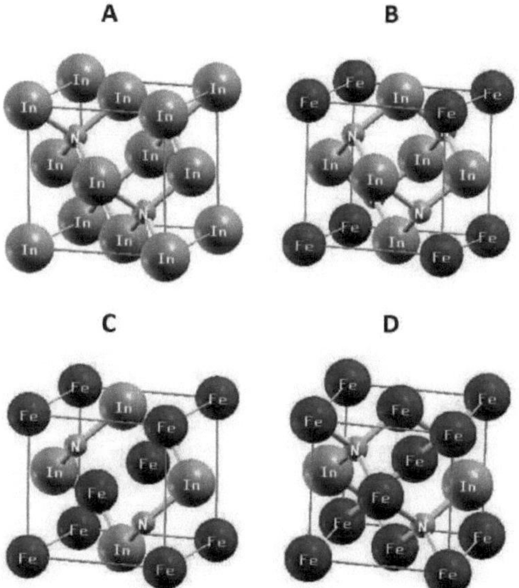

Figura 39: Estruturas do InN dopado com Fe: (A) InN(x=0), (B) Ino.75Feo.25N (C) Ino.5Feo.5N (D) Ino.25Feo.75N

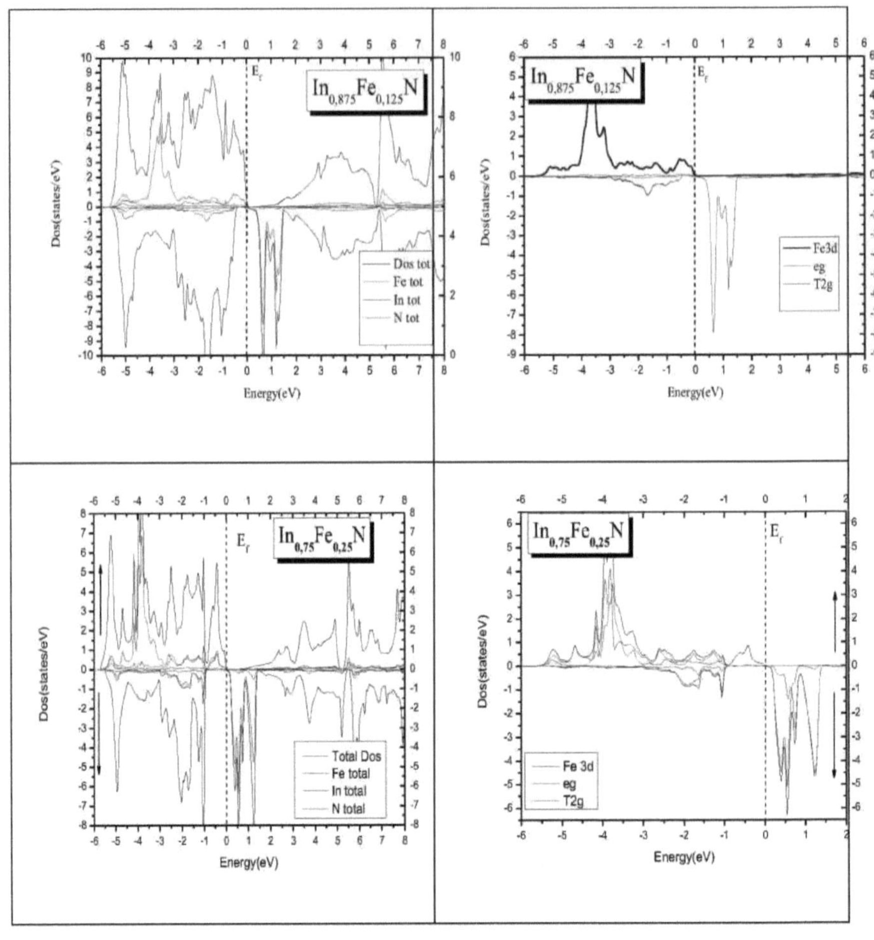

$In_{0,875}Fe_{0,125}N$
E_f
Dos(states/eV)
Energy(eV)
Dos tot
Fe tot
In tot
N tot
$In_{0,875}Fe_{0,125}N$
Fe3d
eg
T2g
$In_{0,75}Fe_{0,25}N$
Total Dos
Fe total
In total
N total
$In_{0,75}Fe_{0,25}N$
Fe 3d
eg
T2g

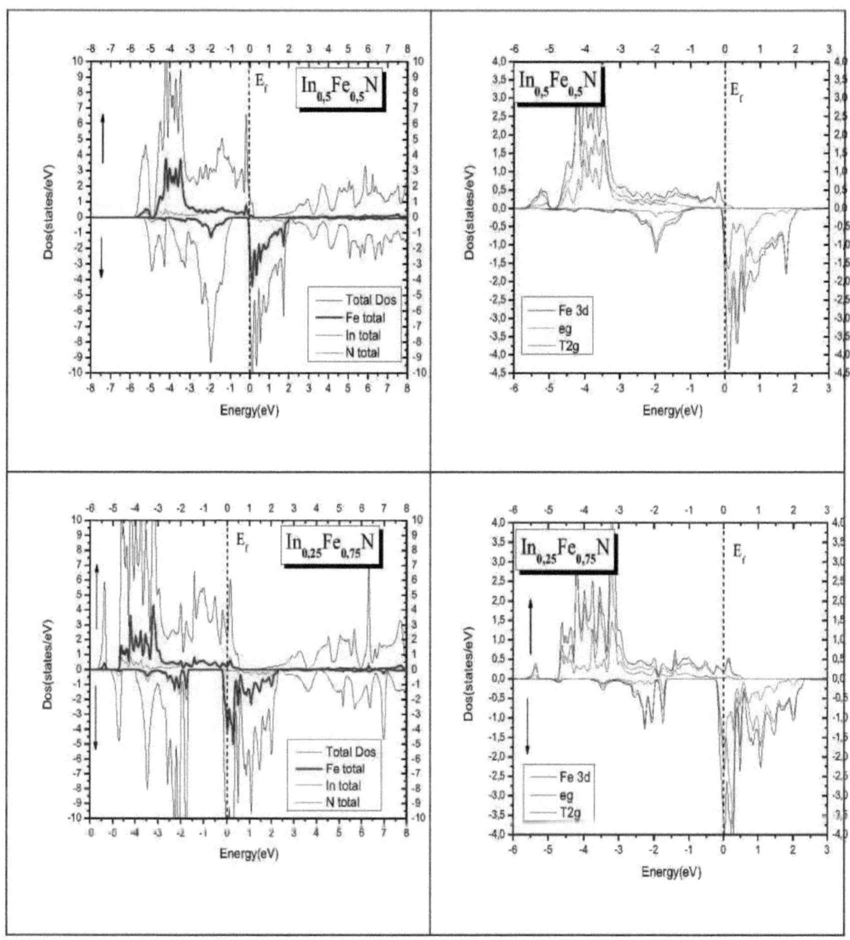

Figura 40 : DOS total e parcial para o spin maioritário e o spin minoritário para $In_{1-x}Fe_xN$

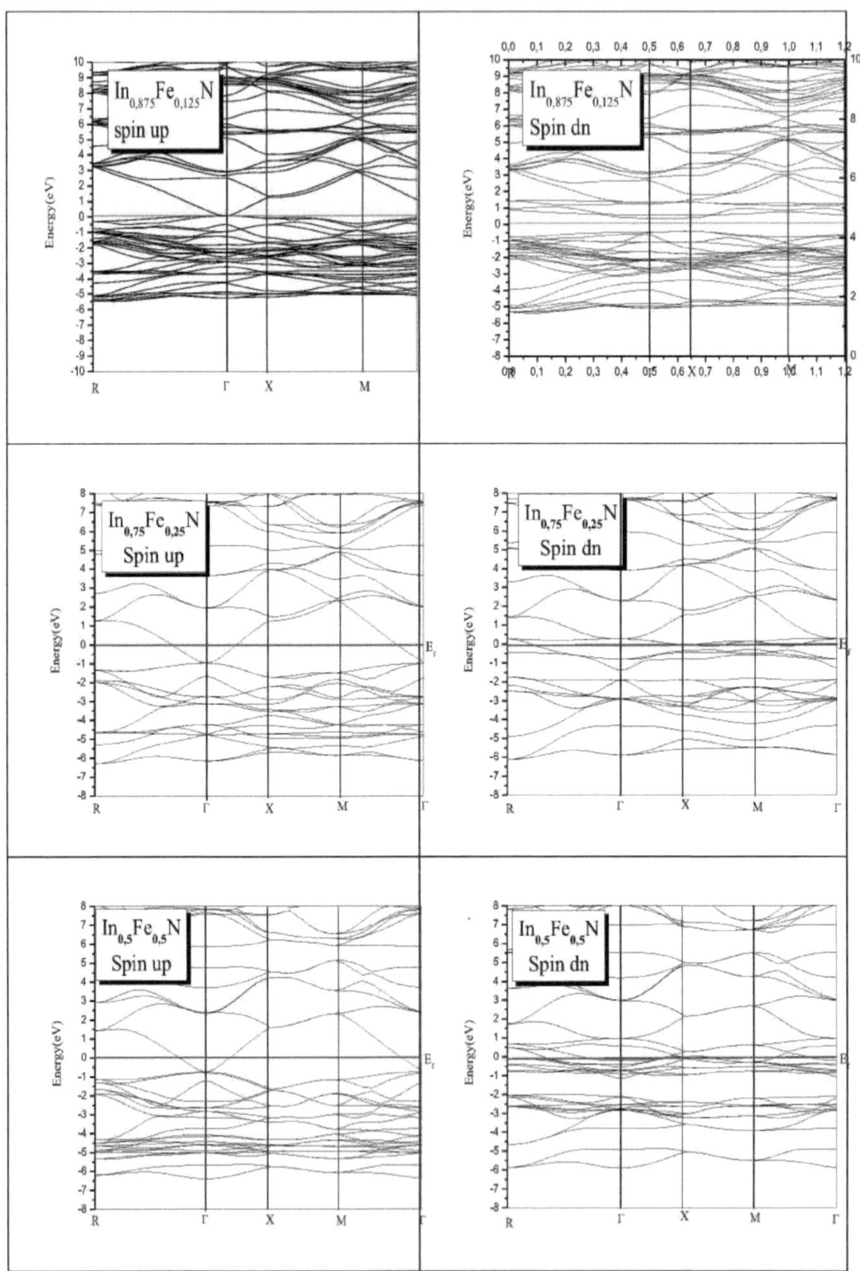
In0,875Fe0,125N
spin up
Energy(eV)
R
Γ
X
M
In0,875Fe0,125N
Spin dn
In0,75Fe0,25N
Spin up
E_F
In0,75Fe0,25N
Spin dn
In0,5Fe0,5N
Spin up
In0,5Fe0,5N
Spin dn

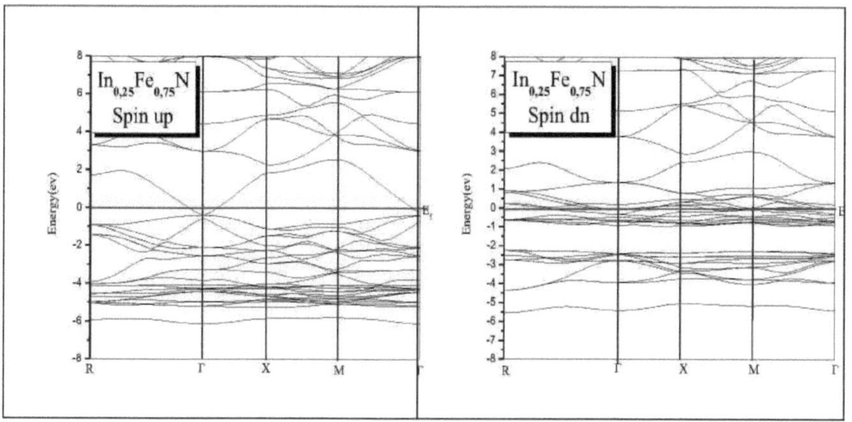

Figura 41: Estruturas de banda polarizadas por spin para spin maioritário (up) e spin minoritário (dn) paralnl-xFexN

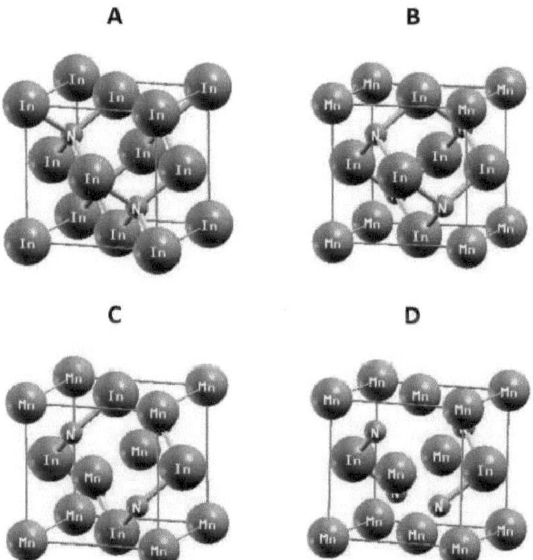

Figura 42 Estruturas do InN dopado com Mn: (A) InN(x=0), (B) Ino.75Mno.25N (C) Ino.5Mno.5N (D) Ino.25Mno.75N

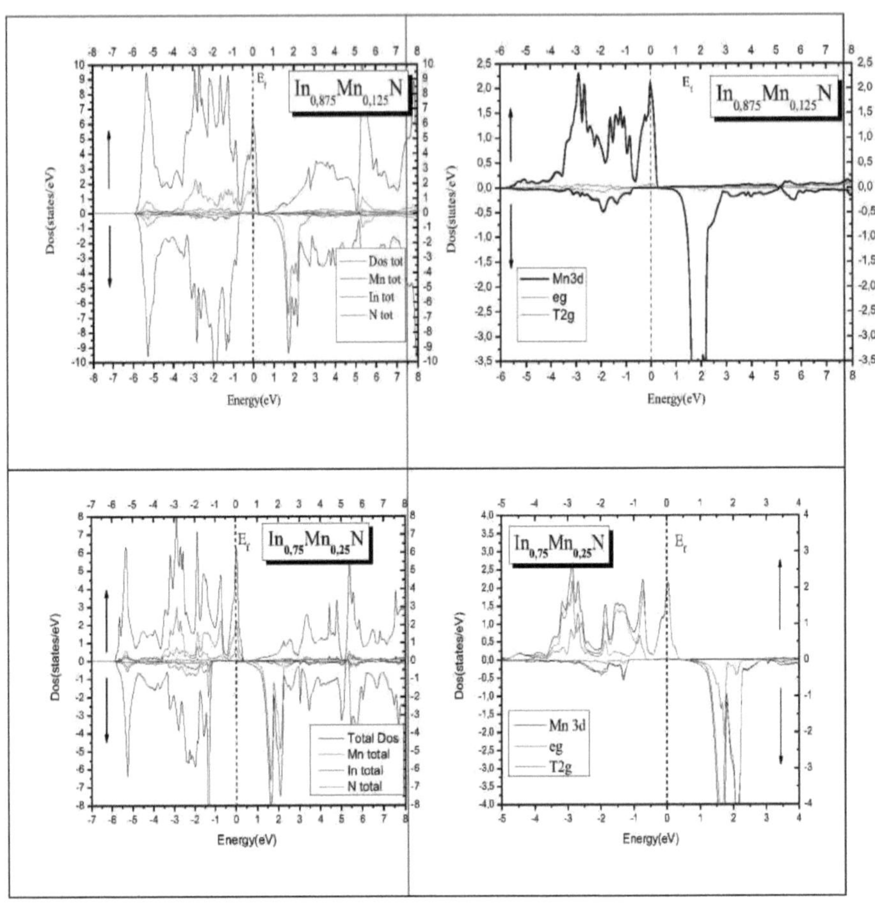

In$_{0,875}$Mn$_{0,125}$N
E$_f$
Dos(states/eV)
Energy(eV)
Dos tot
Mn tot
In tot
N tot
Mn3d
eg
T2g
In$_{0,75}$Mn$_{0,25}$N
Total Dos
Mn total
In total
N total
Mn 3d

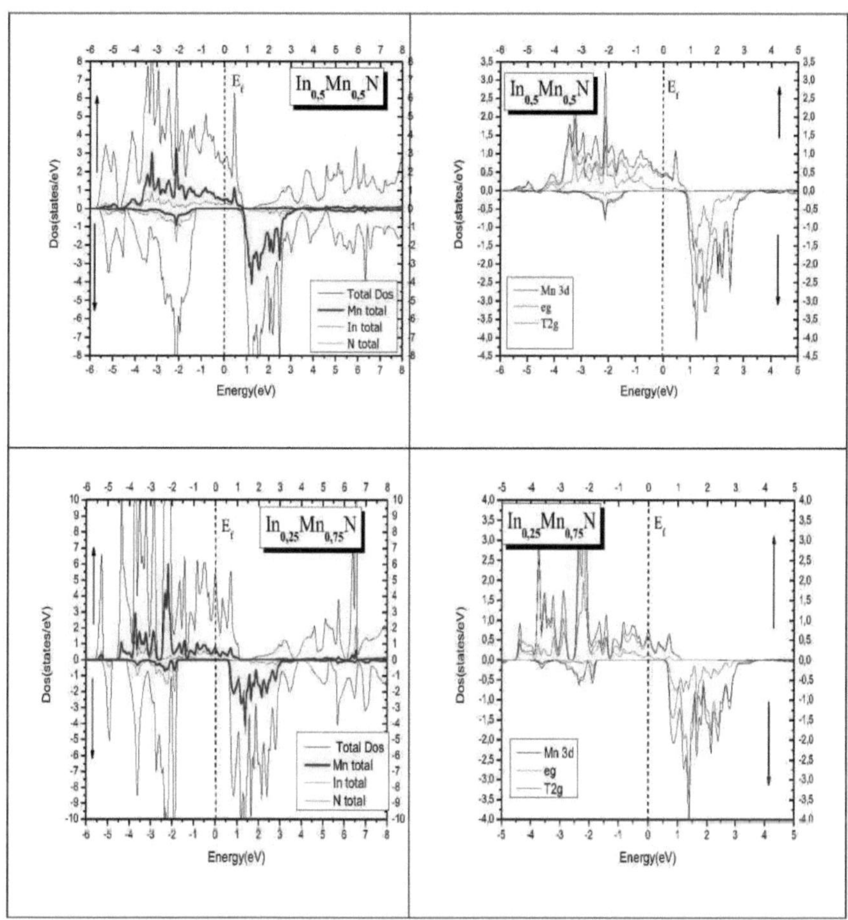

Figura 43: DOS total e parcial para spin maioritário e spin minoritário para In,_xMn_xN

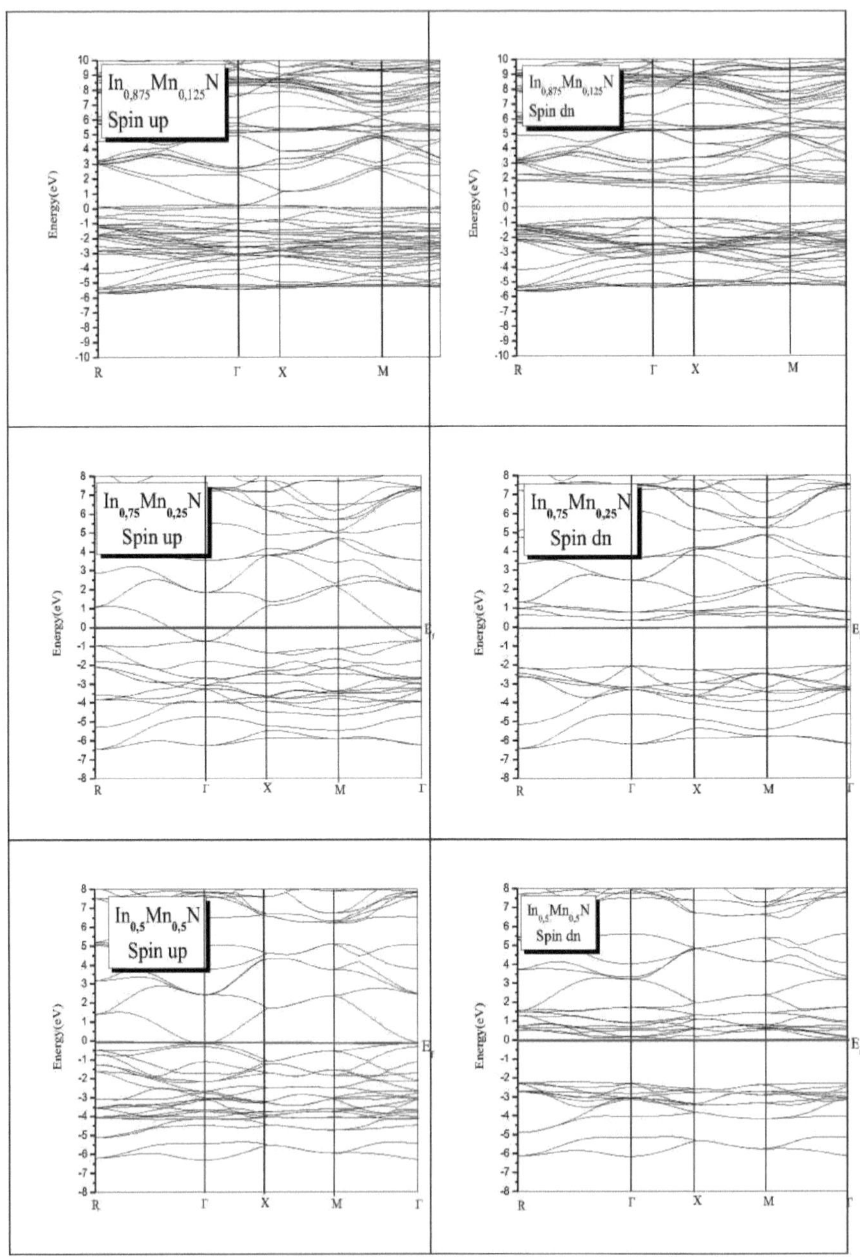

$In_{0,875}Mn_{0,125}N$
Spin up
Energy(eV)
R Γ X M
$In_{0,875}Mn_{0,125}N$
Spin dn
Energy(eV)
R Γ X M
$In_{0,75}Mn_{0,25}N$
Spin up
Energy(eV)
E_f
R Γ X M Γ
$In_{0,75}Mn_{0,25}N$
Spin dn
Energy(eV)
E_f
R Γ X M Γ
$In_{0,5}Mn_{0,5}N$
Spin up
Energy(eV)
E_f
R Γ X M Γ
$In_{0,5}Mn_{0,5}N$
Spin dn
Energy(eV)
E_f
R Γ X M Γ

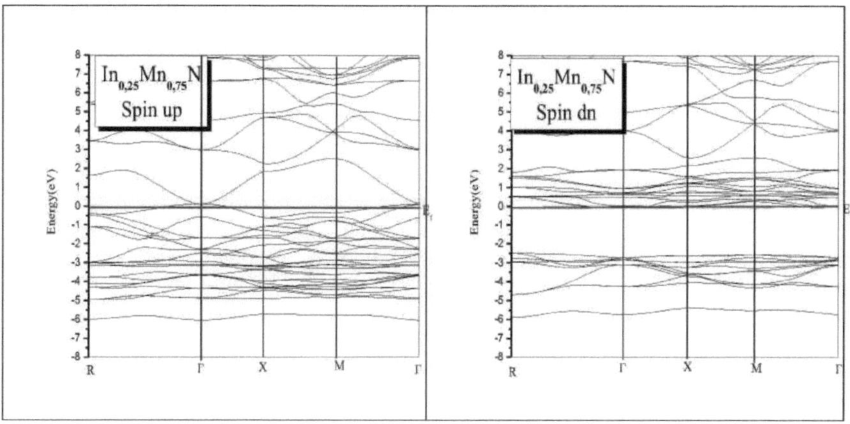

Figura 44 : Estruturas de banda polarizadas por spin para spin maioritário (up) e spin minoritário (dn) paralnl – xMnxN

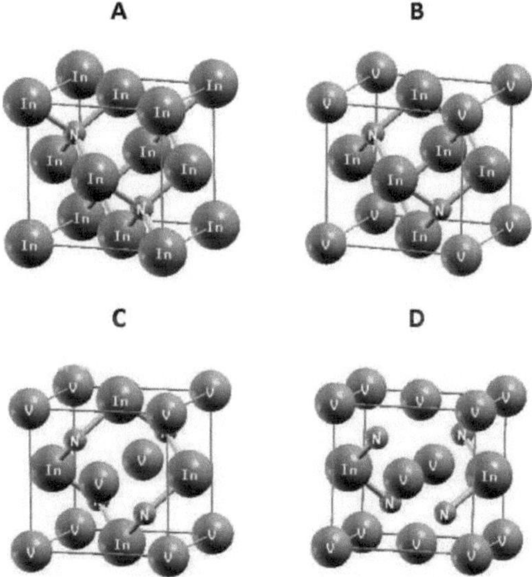

Figura 45 Estruturas de InN dopado com V: (A) InN(x=0), (B) Ino.75Vo.25N (C) Ino.5Vo.5N (D) $^{In}o.25^{V}o.75^{N}$

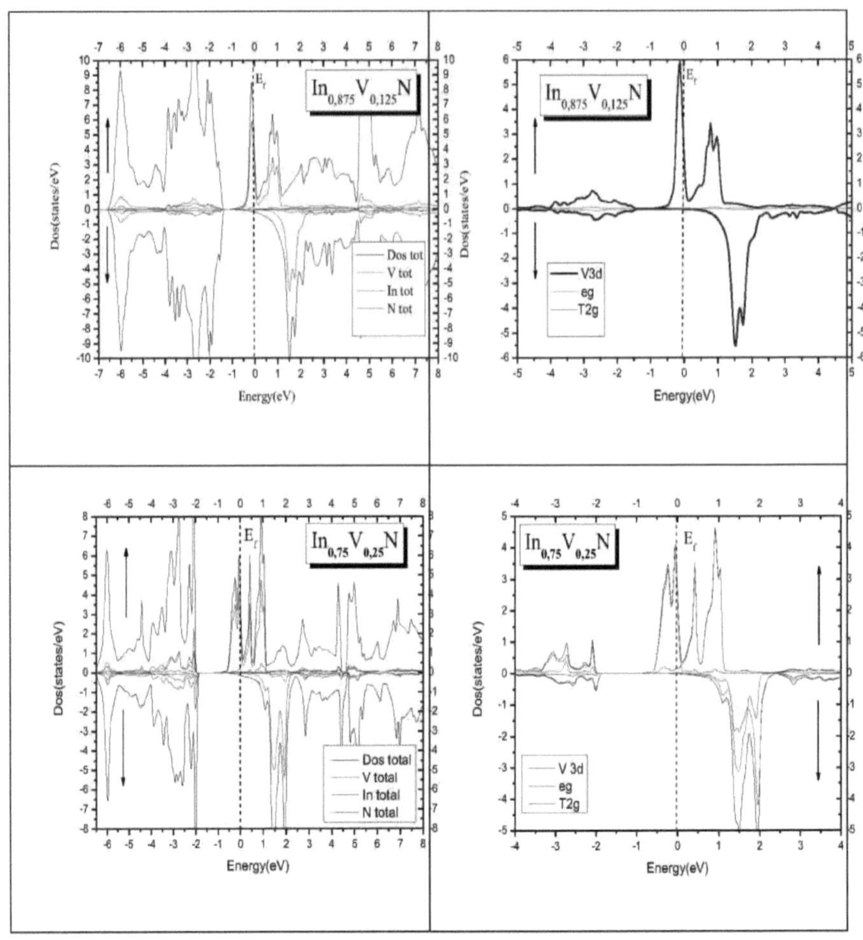

In$_{0,875}$V$_{0,125}$N
E$_f$
Dos tot
V tot
In tot
N tot
Dos(states/eV)
Energy(eV)
In$_{0,875}$V$_{0,125}$N
E$_f$
V3d
eg
T2g
Energy(eV)
In$_{0,75}$V$_{0,25}$N
E$_f$
Dos total
V total
In total
N total
Dos(states/eV)
Energy(eV)
In$_{0,75}$V$_{0,25}$N
E$_f$
V 3d
eg
T2g
Dos(states/eV)
Energy(eV)

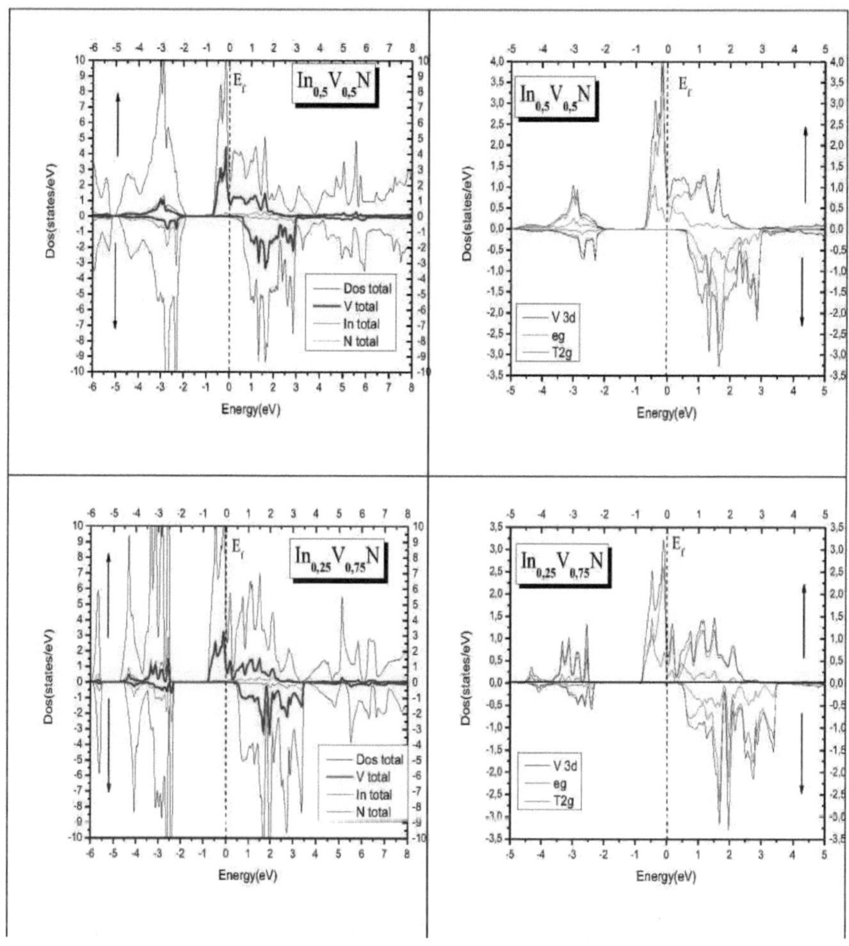

Figura 46: DOS total e parcial para o spin maioritário e o spin minoritário para Iii|_$_x$V$_x$

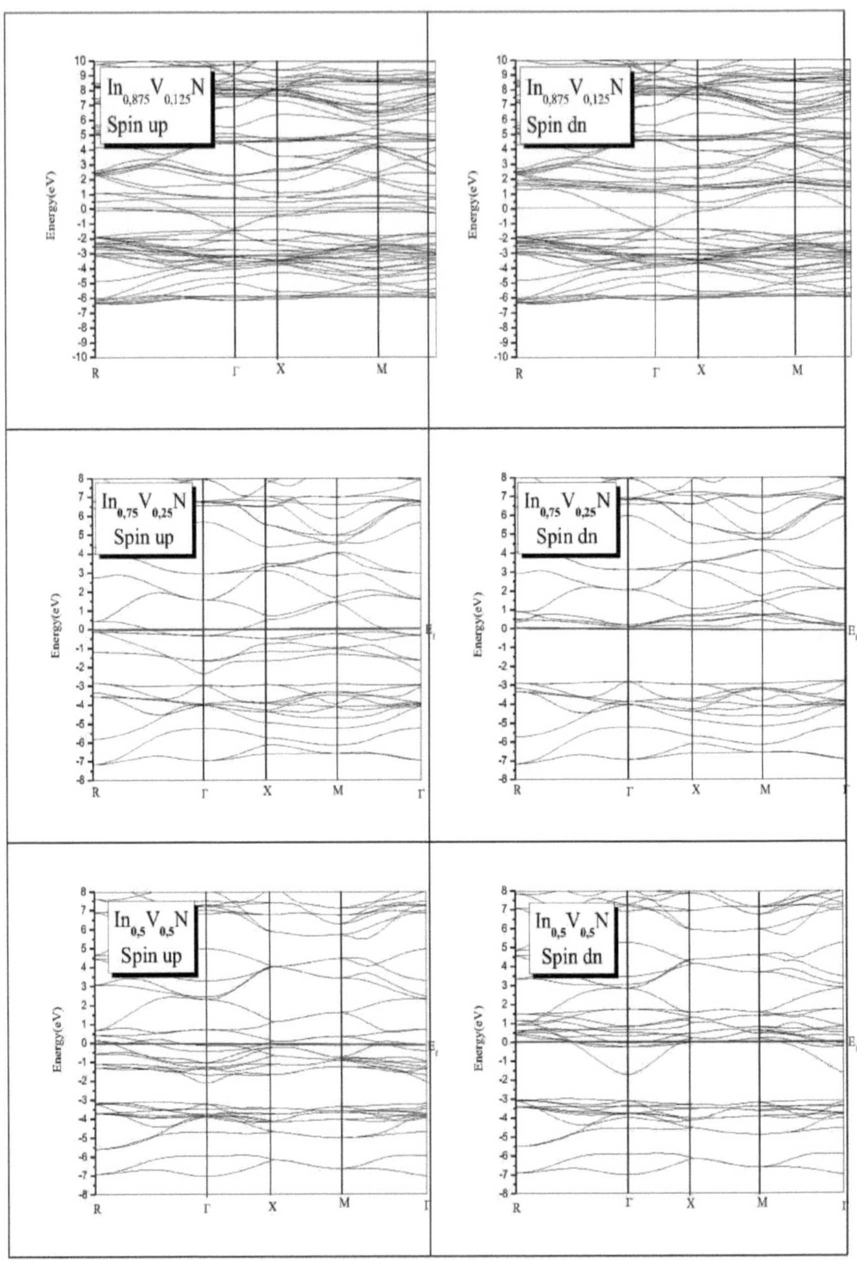

In0,875V0,125N
Spin up
Energy(eV)
R
Γ
X
M
In0,875V0,125N
Spin dn
Energy(eV)
R
Γ
X
M
In0,75V0,25N
Spin up
Energy(eV)
Ef
R
Γ
X
M
Γ
In0,75V0,25N
Spin dn
Energy(eV)
Ef
R
Γ
X
M
Γ
In0,5V0,5N
Spin up
Energy(eV)
Ef
R
Γ
X
M
Γ
In0,5V0,5N
Spin dn
Energy(eV)
Ef
R
Γ
X
M
Γ

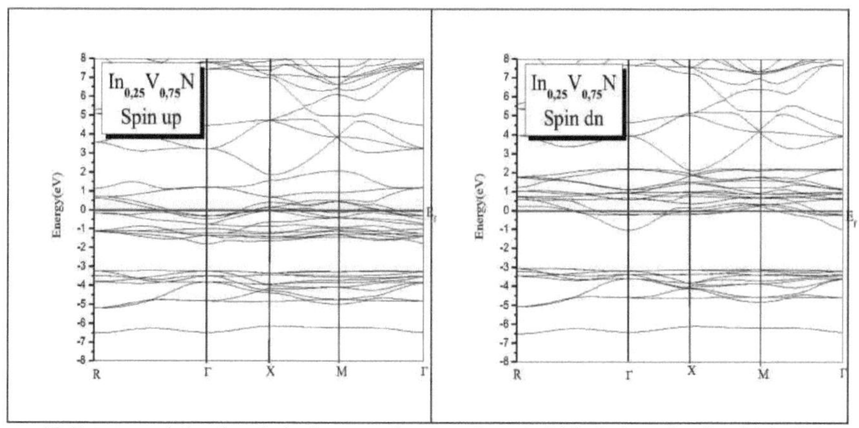

Figura 47: Estruturas de banda polarizadas por spin para spin maioritário (up) e spin minoritário (dn) paralnl-xVxN

5-4-4 Propriedades magnéticas

Calculámos também os momentos magnéticos totais de Inl-xTMxN, os momentos locais de In, TM, N e o momento intersticial, para x=0.25,x=0.50,x=0.75,os resultados estão resumidos na tabela 15.podemos ver que a magnetização total da célula é ~ $3p_B$ para $In_{0.75}Cr_{0.25}N$, os momentos magnéticos no interior das esferas atómicas são ~2.82pB para Cr,~0.01 para In e ~ 0.463 na região intersticial. O momento magnético total ~ $4LI_B$. $8LI_B$. $12LI_B$ para o $In_{0.75}Mn_{0.25}N$, $In_{0.5}Mn_{0.5}N$ e $In_{0.25}Mn_{0.75}N$ respetivamente, o momento magnético local do Mn é de cerca de ~3,8p_B.

Os resultados mostram que os momentos magnéticos totais provêm geralmente dos iões TM com uma pequena contribuição dos sítios In, N e TM.

Tabela 15: Momento magnético total e local em $In_{1-x}TM_xN$(TM=Cr,Mn,Fe,V)

Composto	x	M^{tot}(p_B/célula)	M^{TM}	M^{In}	m^N	M intersticial
Ini-xCrxN	0.25	2.96144	2.82177	0.01052	-0.08874	0.46301
	0.50	5.99052	2.92740	0.01689	-0.19711	0,89077
	0.75	8.99439	2.96653	0.02089	-0.29983	1.27236
	1.00	-	-	-	-	-
$Ini_{.x}Fe_xN$	0.25	4.96927	3.70490	0.01227	0.19088	0.46523
	0.50	9.79464	3.72767	0.02496	0.34497	0.90993
	0.75	13.38160	3.62874	0.03450	0.32995	1.14701
	1	-	-	-	-	-
$In_{1-x}Mn_xN$	0.25	3.99390 3.99(117)	3.80335 3.637 (117)	0.00976 0.016 (117)	-0.0746 -0.046 (117)	0.46176 0.492 (117)
	0.50	8.00060 8.01 (117)	3.81597 3.584 (117)	0.01997 0.034 (117)	-0.1361 -0.049 (117)	0.87513 0.978 (117)
	0.75	12.00035 12.00 (117)	3.83042 3.561 (117)	0.03068 0.055 (117)	-0.1876 -0.027 (117)	1.22978 1.377 (117)
	1	-	-	-	-	-
$Ini_{.x}V_xN$	0.25	1.91685	1.74894	0.00804	-0.05639	0.36992
	0.50	3.97258	1.82641	0.01260	-0.12327	0.78722
	0.75	5.99889	1.85144	0.01472	-0.19849	1.22424

Bibliografia

P. Hohenberg e W. Kohn. s.l. : Phys. Rev. 136, B864, (1964).
W. Kohn e L. J. Sham. s.l. : Phys. Rev. 140, Al 133, (1965).
Wang, J. P. Perdew e Y. 13244 , s.l. : Phys. Rev. B 45, (1992).
D. R. Hartree, Proc. Campridge Phil. Soc. 25, 225, 310 (1927).
Mohammed, Benali KANOUN. *Estudo de Primeiros Princípios das Propriedades Estruturais, Elásticas e Electrónicas dos Semicondutores AlN e GaN sob Efeito de Pressão e Magnetismo em AlN:Mn.* s.l. : ABOU-BAKR BELKAID UNIVERSITY, (2004).
Amita, Gupta. *NOVEL ROOM TEMPERATURE FERROMAGNETIC SEMICONDUCTORS.* Estocolmo, : Instituto Real de Tecnologia, junho (2004).
Morkoc, Strite e H. *In The Encyclopedia of Advanced Materials.* s.l. : Pergamon Press, (1994). 79-86.
D. B. Eason, Z. Yu, W. C. Hughes,. 115, s.l. : Appl. Phys. Lett.65, (1995).
M. G. Crawford, IEEE. 24, s.l. : Circuits and Devices Mag.8, (1992).
Engelmann, R. 6, s.l. : News Lett,8, (1994).
Mohammad, H. Morkg e S. N. 51, s.l. : Science.267, (1995).
Morkoç, Hadis. *Handbook of Nitride Semiconductors and Devices.* s.l. : WILEY-VCH Verlag GmbH & Co, (2008).
Harris, W.A. *Electronic Structure and Properties of Solids, pp.* s.l. : Dover, NY, (1980). 174-179..
Yeh, C Y , Lu, Z.W., Froyen,. 10086, s.l. : Physical Review B:Condensed Matter,46, (1992).
I. Petrov, E. Mojab, R. Powell, J. Greene,. 2491, s.l. : Appl. Phys. Lett,60, (1992).
Amano, I. Akasaki e H. *em Properties of Group III Nitrides,.* Londres, Reino Unido: J. H. Edgar (ed.), (1994). 30.
M. A. Khan, J. N. Kuznia, J. M. Van Hove,. 526- 527, s.l. : Appl. Phys. lett,58, (1991).
Tansley, T. L. *In Properties of Group III Nitrides,.* London, U.K. : J. H. Edgar (ed.),, (1994). 35.
S. Nakamura, M. Senoh, N. Isawa, e S. Nagahama,. No. IOB, s.l. : Jpn. J. Appl. phy.34, Parte 2, (1995).
H. P. Maruska, L. J. Anderson,. 1202, s.l. : Electrochem. Sot,121, (1974).
Lagerstedt. 3064, s.l. : Phys. Rev.B19, (1979).
Tansley, T. L. *In Properties of Group III Nitrides,.* London, U.K. : J. H. Edgar (ed), (1994). 35.
W. C. Johnson, J. B. Parson e M. C. Crew,. 2561, s.l. : J. Phys. Chem.36, (1932).
Littlejohn, J. E. Andrews e M. A. 1273, s.l. : J. Electrochem. Sac.122, (1975).
Matsuoka, T. Sasaki e T. 4531, s.l. : J. Appl. Phys.64, (1988).
A. Berger, D. Troost e W. Month,. 669, s.l. : Vacuum,41, (1990).
Searcy, Z. A. Munir e A. W. 4223, s.l. : J.Chem.Phys.42, (1965).
Thurmond, R. A. Logan e C. D. 1727, s.l. : J. Electrochem. Sot.119, (1972).
Nakamura. 1705, s.l. : J apply.phys,30, (1991).
P. Boguslawski, "E. L. Bzggs e J. Bernholc,'. 17255, s.l. : phys ,Rev.B 51, (1995).
S. Yoshida, S. Misawa e S. Gonda,. 427, s.l. : Appl.Phys. Letcs,42, (1983).
H. Amano, N. Sawaki e I. Akasaki,. 353-354, s.l. : Appl. Phys.Let,48, (1986).
S. Nakamura, T. Mukai e M. Seno,. 2883-2888, s.l. : Jpn. J.Appl. Phys,31, (1992).
Bougrov, V., Levinshtein, M.E.,. *Properties of Advanced Semiconductor Materials GaN, AlN, InN, BN, SiC, SiGe.* Nova Iorque: John Wiley & Sons, (2001). 1-30..
Levinshtein, M., Rumyantsev. *Handbook Series on Semiconductor Parameters, vols 1,2.* Londres: World Scientific, (1999).
Fritsch, D., Schmidt, H. e Grundmann,. *Cálculo do pseudopotencial de estrutura de banda de zinco-blenda e wurtzita AlN, GaN e InN.* s.l. : Physical Review B:Condensed Matter,, (2003). 67, 235205..
Maruska, H.P., Anderson. 1202, s.l. : Journal of the Electrochemical Society,121, (1974).
Lagerstedt, O. e Monemar, B. 3064, s.l. : Physical Review B: Condensed Matter,19, (1979).
Maruska, H.P., Anderson. 1202, s.l. : Journal of the Electrochemical Society,121, (1974).
Leszczynski, M., Suski, T., Perlin, P.,. 73, s.l. : Applied Physics Letters,69, (1996).
Levinshtein, M., Rumyantsev. *Handbook Series on Semiconductor Parameters, vols 1,2.* Londres: World Scientific, (1999).

E. S. Dettmer, B. M. Romenesko, H. K. Charles Jr,. 543, s.l. : Trans. on Components Hybrids, and Manufacturing Technol,12, (1989).
Kahn, C. F. Cline e J. S. 773, s.l. : J. Elecrrochem. Sot,110, (1963).
F. N. Tavadze, G. G. Surmava, A. A. Nikolaishivili. 901, s.l. : Sov. Phys. Semicond,15, (1973).
McNelly, G. A. Slack e T. F. 263, s.l. : J. Crysr. Growth,34, (1976).
Slack, G. A. 321, s.l. : J. Phys. Chem. Solids ,34, (1973).
Jr, T. L. Chu e R. W. Kelm. 995, s.l. : J.Electrochem. Sot,122, (1975).
T. Y. Sheng, Z. Q. Yu e G. J. Collins. 576, s.l. : Appl. Phys. Lett,52, (1988).
Lakin, G. R. Kline e K. M. 750, s.l. : Appl. Phys. Left,43, (1983).
J. J. Hantzpergue, Y. Pauleau, J. C. Remy, D. Roptin e M. Callier,. 167, s.l. : Thin Solid Films,75, (1981).
Heze, N. Lieske e R. 5806, s.l. : J.Appl. Phvs,52, (1981).
Rabaia'is, J. A. Taylor e J. W. 1735, s.l. : J.Chem Phys,75, (1981).
E. Gabe, Y. Le Page e S. L. Mair,. 4634, s.l. : Phys. Rev.B,24, (1981).
Martensson, J. Hedman e N. 176, s.l. : Phys.Scripta,22, (1980).
McNelly, G. A. Slack e T. F. 263, s.l. : J.Crysr.Growth,34, (1976).
K. R. Elliott e R. W. Grant, Relatório Final do Projeto Rockwell MRDC41116.2FR (1984).
K. Kawabe, R. H. Tredgold e Y. Inuishi,. 62, s.l. : Elect.Eng. Japan,87, (1967).
G. A. Cox, D. 0. Cummins, K. Kawabe e R. H. Tredgold,. 543, s.l. : J. Phys. Chem.Solids,28, (1967).
V. W. L. Chin, T. L. Tansley e T. Osotchan,. 7365, s.l. : J. Appl. Phys,75, (1994).
Resposta ótica linear de zinco-blenda e wurtztie III-N. **C. Persson, e A. Ferreira da Silva.** 408-413, s.l. : Journal of Crystal Growth, (2007).
Parâmetros de banda para semicondutores contendo azoto. **Vurgaftman, I. e Meyer, J.R.** 3675-3696, s.l. : Journal of Applied Physics,94 (6), (2003).
Petrov, I., Mojab, E., Powell, R., Greene, J.,. 2491, s.l. : Applied Physics Letters,60, (1992).
Vollstadt, H., Ito, E., Akaishi, M. 7, s.l. : Actas da Academia do Japão, Série B,66, (1990).
Vurgaftman, I. e Meyer, J.R. 3675-3696, s.l. : Journal of Applied Physics,94 (6), (2003).
Rose, J. W. Trainor e K. 821, s.l. : J. Electronic Muter,3, (1974).
Proc. da Terceira Conferência Internacional sobre Materiais III-V Semi-isolantes,. **Foley, T. L. Tansley e C. P.** London, : J. S. Blakemore (ed.),, (1985).
A. Wakahara, T. Tsuchiya e A. Yoshida,. 385, s.l. : J.Cryst.Growth,99, (1990).
K. Kubota, Y. Kobayashi agd K. Fujimoto,. 2984-2988, s.l. : J. Appl.Phys,66, (1989).
Foley, T. L. Tansley e C. P. 1066, s.l. : Electron.Lett,20, (1984).
Difração de pós. **Paszkowicz, W.** 258, 1999, Vol. 14.
Strite, S., Chandrasekhar, D., Smith, D.J.,Sariel, J., Chen, H., Teraguchi,. 204, s.l. : Journal of Crystal Growth,127, (1993).
Propriedades elásticas do InN. **Wright, A.F.** 6, s.l. : Journal of Applied Physics,82, (1997).
H, Markoç,S.Strite. 1363, s.l. : J. Appl Phys Rev,76, (1994).
S N Mmohammed, A.Salvador,. 1306, s.l. : Pro IEEE,83, (1995).
S N Mohammed, H Markoç. s.l. : prog quantum electron no prelo.
Nakamura, S., Mukai T. e Senoh M. 1687, s.l. : Appl. Phys. Lett,64, (1994).
Amano, H., Kitoh, M., Hiramatsu, K. e Akasaki. *Arsenieto de Gálio e Compostos Relacionados.* s.l. : (eds.) Ikoma, T., Watanabe, (1990). 725.
Dingle, D., Shaklee, K.L., Leheny, R.F. 1377, s.l. : Appl. Phys. Lett,64, (1994).
Pankove, J.I., Miller, E.A. andBerkeyheiser, J.E. 383, s.l. : RCA Rev,32, (1971).
Asthana, P. 60, s.l. : IEEE spectrum,31, (1994).
Dietl, T.Semiconductor Spintronics. s.l. : Lect. Notes Phys. 712, 1-46, (2007).
M.N. Baibich, J.M. Broto, A. Fert, F. Nguyen Van Dau, F. Petroff, **P. Eitenne,G. Creuzet, A. Friederich, J. Chazelas.** 2472, s.l. : Phys. Rev. Lett, 61 , (1988).
G. Binasch, P. Grunberg, F. Saurenbach, W. Zinn. 4828, s.l. : Phys. Rev. B 39, , (1989).
R.E. Camley, J. Barnas. 664, s.l. : Phys. Rev. Lett. 63,, (1989).
Galazka, R. *"Semimagnetic semiconductors".* Edimburgo: em Proceedings 14th International Conference on Physics of Semiconductors, , ed. byB. Wilson (IoP, Bristol, 1978), p. 133, (1978) .
G. Bauer, W. Pascher, W. Zawadzki:. 703, s.l. : Semicond. Sci. Technol. 7, , (1992).

F. Matsukura, H. Ohno, T. Dietl. *Handbook of Magnetic Materials 14, 1-87.* (2002).
W. Prellier, A. Fouchet, B. Mercey:. s.l. : J. Phys: Condens. Matter 15, R1583, (2003).
H. Ohno, H. Munekata, T. Penney, S. von Molnar, L.L. Chang. 2664, s.l. : Phys. Rev.Lett. 68,, (1992).
H. Ohno, A. Shen, F. Matsukura, A. Oiwa, A. Endo, S. Katsumoto, Y. Iye. 363, s.l. : Appl. Phys. Lett. 69, , (1996).
T. Dietl, A. Haury, Y. Merle d'Aubign'e:. s.l. : Phys. Rev. B 55, 3347(R), (1997).
F. Matsukura, H. Ohno, A. Shen, Y. Sugawara:. s.l. : Phys. Rev. B 57, R2037, (1998).
T. Jungwirth, W. Atkinson, B. Lee, A. MacDonald. s.l. : Phys. Rev. B 59, 9818, (1999).
T. Story, R.R. Galazka, R.B. Frankel, P.A. Wolff:. 777, s.l. : Phys. Rev. Lett. 56, , (1986).
T. Dietl, A. Haury,. s.l. : Phys. Rev. B 55, 3347(R) , (1997).
T. Dietl, H. Ohno, F. Matsukura, J. Cibert, D. Ferrand. s.l. : Science 287, 1019, (2000).
T. Dietl, H. Ohno, F. Matsukura:. s.l. : Phys. Rev. B 63, 195 205, (2001).
P. Blaha, K. Schwarz, G.K.H. Madsen, D. Kvanicka, J. Luitz. *WIEN2K, Um Programa de Onda Plana Aumentada + Orbital Local para o Cálculo de Propriedades de Cristais.* s.l. : Universidade de Tecnologia de Viena/Áustria, (2009).
F.D. Murnaghan, Proc. Natl. Acad. Sci. USA 30 (1994) 244.
A.E. Merad, M.B. Kanoun , J. Cibert b, H. Aourag , G. Merad. s.l. : Materials Chemistry and Physics 82 (2003) 471-477.
Rashid Ahmed, H. Akbarzadeh. s.l. : Physica B 370 52-60, (2005).
S.H. Wei, X. Nie, I.G. Batyrev, S.B. Zhang,. 165209, s.l. : Phys. Rev.B 67, (2003).
Adachi, S. *Properties of Group-IV, III-Vand II-VISemiconductors.* Inglaterra : Wiley, (2005).
C. Perssona, A. Ferreira da Silvab, R. Ahujaa, B.Johansson. 397, s.l. : J. Cryst. Growth 231 , (2001).
F. Litimein, B. Bouhafs, Z. Dridi, P. Ruterana. s.l. : N.J. Phys.4, (2002).
C. Caetano, M. Marques, L. G. Ferreira, e L. K. Teles. 241914, s.l. : Appl. Phys. Lett. 94, (2009).
A. Alsaad, M. Bani-Yassein,I.A. Qattan. 1408-1414, s.l. : physica B.405, (2010).
X.Y. Cui, B. Delley, A.J. Freeman, C. Stampfl,. 016402, s.l. : Phys. Rev. Lett.97, (2006).
H. Ohno, A. Shen, F. Matsukura, A. Oiwa, A. Endo, S. Katsumoto, Y. Iye,. 363, s.l. : Appl Phys. Lett.69, (1996).
A. Boukra, A. Zaoui, M. Ferhat. 123904, s.l. : J. Appl. Phys. 108, (2010).
C. Caetano, M. Marques, L. G. Ferreira, e L. K. Teles. 241914, s.l. : Appl. Phys. Lett. 94, 2009.
Y. Saeed, A. Shaukat,S. Nazir, N. Ikram, Ali Hussain Reshak. 242-249, s.l. : j solis stat chem 183 , 2010.
P. Blaha, K. Schwarz, G.K.H. Madsen, D. Kvanicka, J. Luitz. *WIEN2K, Um Programa de Onda Plana Aumentada + Orbital Local para o Cálculo de Propriedades de Cristais.* s.l. : Universidade de Tecnologia de Viena/Áustria, 2009.
F.D. Murnaghan, Proc. Natl. Acad. Sci. U. S. A. 244 (1944) 30.
X.Y. Cui, B. Delley, A.J. Freeman, C. Stampfl,. 016402, s.l. : Phys. Rev. Lett,97, (2006).
H. Ohno, A. Shen, F. Matsukura, A. Oiwa, A. Endo, S. Katsumoto, Y. Iye,. 363, s.l. : Appl Phys. Lett,69, (1996).
A. Boukra, A. Zaoui, M. Ferhat. 123904 , s.l. : J. Appl. Phys 108, 2010.
Caraterísticas dos Metais de Transição | eHow.com . [Online] [Citado: 26 juin 2012.]
E. Sjöstedt, L. Nordström, D.J. Singh, . s.l. : Solid State Comm. 114, 15 , (2000).
Lide, David R. *Handbook of Chemistry and Physics.* s.l. : CRC Press, (2003).
Cottenier, S. *Teoria do Funcional da Densidade e a família de métodos (L)APW: uma introdução passo a passo.* K.U.Leuven, Bélgica: s.n., (2002).
Kohn, P. Hohenberg e W. p. 864, s.l. : Physical Review 136(3B), (1964).
Sham, W. Kohn e L. J. 1133, s.l. : Physical Review 140(4A), (1965).
O.K. Andersen. 3060, s.l. : Phys. Rev. B 12, (1975).
G.K.H Madsen, P. Plaha, K. Schwarz, E. Sjöstedt, L. Nordström,. 195134, s.l. : Physical Review. B 64,, (2001).
A.D Becke. 5648, s.l. : Journal of Chem. Phys, 98 , (1998).
Handy, A.D Boese e N.C. 5497, s.l. : Journal of Chem. Phys. 114, (2001).
Adachi, Sadao. *Physical Properties of III-VSemiconductor Compounds (Propriedades físicas*

de compostos semicondutores III-V). Nova Iorque, : John Wiley & Sons, (1992).
A. Delin, A.O. Eriksson, R. Ahuja, B. Johansson, M.S.S. Brooks, T. Gasche,S. Auluck, J.M. Wills. 1673, s.l. : Phys. Rev. B 54 , (1996).
Boualem Merabet, Hamza Abid, Nadir Sekkal. 930-935, s.l. : Physica B 406 , (2011) .
K. Kim, A. Zunger. 2609., s.l. : Physical Review Letters 86 , (2001) .

Printed by Books on Demand GmbH, Norderstedt / Germany